ANÁLISE DE DADOS CATEGORIZADOS E LONGITUDINAIS

ANÁLISE DE DADOS CATEGORIZADOS E LONGITUDINAIS

Fernanda Oliveira Balbino
Joel Maurício Corrêa da Rosa

Rua Clara Vendramin, 58 – Mossunguê
CEP 81200-170 – Curitiba – PR – Brasil
Fone: (41) 2106-4170
www.intersaberes.com
editora@intersaberes.com

Conselho editorial
Dr. Alexandre Coutinho Pagliarini
Dr.ª Elena Godoy
Dr. Neri dos Santos
M.ª Maria Lúcia Prado Sabatella

Editora-chefe
Lindsay Azambuja

Gerente editorial
Ariadne Nunes Wenger

Assistente editorial
Daniela Viroli Pereira Pinto

Preparação de originais
Letra & Língua Ltda. - ME

Edição de texto
Arte e Texto Edição e Revisão de Textos
Caroline Rabelo Gomes

Capa
Luana Machado Amaro (*design*)
Madredus/Shutterstock (imagem)

Projeto gráfico
Sílvio Gabriel Spannenberg

Adaptação do projeto gráfico
Kátia Priscila Irokawa

Diagramação
Muse Design

Equipe de *design*
Sílvio Gabriel Spannenberg

Iconografia
Regina Claudia Cruz Prestes
Sandra Lopis da Silveira

Dados Internacionais de Catalogação na Publicação (CIP)
(Câmara Brasileira do Livro, SP, Brasil)

Balbino, Fernanda Oliveira
   Análise de dados categorizados e longitudinais / Fernanda Oliveira Balbino, Joel Maurício Corrêa da Rosa. -- Curitiba, PR : Editora InterSaberes, 2023.

   Bibliografia.
   ISBN 978-85-227-0732-4

   1. Dados – Análise 2. Estatística – Estudo e ensino 3. Estatística – Métodos I. Rosa, Joel Maurício Corrêa da. II. Título.

23-160382   CDD-519.507

Índices para catálogo sistemático:
1. Estatística : Estudo e ensino   519.507

Eliane de Freitas Leite – Bibliotecária – CRB 8/8415

1ª edição, 2023.
Foi feito o depósito legal.

Sumário

Para Juraci e Hector.
Para Maria Luiza e Joel
(in memoriam).

APRESENTAÇÃO

A análise de variáveis categóricas é um conjunto de metodologias que vem se desenvolvendo no decorrer dos anos em razão da ampla aplicação em várias áreas do conhecimento. Desde a epidemiologia, a biologia, a medicina, a econometria até as ciências sociais, os métodos consideram resultados de avaliação de tratamentos médicos até fatores que afetam o resultado da aplicação de uma metodologia de ensino. Os cientistas e pesquisadores têm interesse em diversos métodos de análises para dados categóricos.

Neste livro, fornecemos as ferramentas para o conhecimento das principais metodologias de análises para os dados categóricos em **variáveis resposta** e **variáveis explicativas**, apresentando também alguns exemplos de sua aplicação. São exibidos alguns exemplos de como conduzir as análises usando o ambiente computacional R, sendo este de acesso gratuito e de uso versátil para conduzir análises estatísticas.

Um pré-requisito desejável para o leitor é a familiarização com alguns conceitos de estatística básica, como análise descritiva e teoria de probabilidades. Conceitos estatísticos indispensáveis para o entendimento das metodologias, como as distribuições de probabilidades para variáveis discretas, serão apresentados nesta obra.

Cada início de capítulo apresenta os conteúdos que serão estudados e o que o leitor poderá aprender com a leitura. Finalizada a leitura de cada capítulo, são indicadas questões para reflexão, nas quais o leitor é convidado a pensar a respeito de alguns pontos abordados no capítulo e resolver um problema. Também sugerimos questões para a revisão do conteúdo, com respostas disponíveis ao final do livro na seção "Respostas". As questões são majoritariamente extraídas de autores consagrados no estudo das metodologias de análise de variáveis categóricas e longitudinais. Tendo em vista que os conceitos de aplicação das metodologias são de característica analítica, as proposições são, em sua maioria, abertas. Ao final de cada capítulo, indicamos algumas referências para que o leitor possa se aprofundar no estudo dos conceitos e das metodologias abordadas no respectivo capítulo.

No Capítulo 1, apresentamos o conceito de variáveis contínuas e discretas, mostrando a importância das variáveis categóricas, bem como as principais distribuições de probabilidade usadas para análise dessas variáveis, a exemplo da distribuição binomial, de Poisson e multinomial, discutindo algumas abordagens de análises para dados categóricos.

No Capítulo 2, mostramos o que é e como entender tabelas de contingência e variáveis independentes e dependentes. Ainda, apresentamos métodos de associação entre risco relativo e razão de chances. Contemplamos, também, os testes de independência entre variáveis, como o teste de qui-quadrado, o método da razão de verossimilhança, o teste exato de Fisher e a tendência linear alternativa à independência.

Por sua vez, o Capítulo 3 aborda a metodologia de regressão logística, que é um caso particular do modelo de regressão clássica, como o principal método de abordagem para a análise de variáveis categóricas. Introduzimos a função logística, o modelo logito e as inferências feitas por meio de regressão logística com exemplos.

Já no Capítulo 4, ampliamos os conceitos de análise de variáveis categóricas apresentando os modelos lineares generalizados (GML), um tipo de análise que foi introduzida para contemplar aqueles que não seguem uma distribuição normal e, portanto, com ampla aplicação em variáveis de resposta categórica, mostrando a estrutura do modelo, a função de log verossimilhança, a estimação de parâmetros e as inferências. Também demonstramos como fazer a checagem do modelo e descrevemos exemplos de GLM para dados binários e de contagem.

No Capítulo 5, apresentamos a análise de dados categóricos longitudinais, ou seja, os dados categóricos coletados em mais de um ponto no decorrer do tempo, que chamamos de *medidas repetidas*. Os dados categóricos longitudinais são considerados um caso particular de medidas repetidas e são amplamente utilizados em todas as áreas do conhecimento. Além de abordar o conceito desse tipo de dados, destacamos os modelos gaussianos, os modelos de efeitos mistos e as equações de estimação generalizada. Ainda, mostramos as aplicações utilizando o ambiente computacional R.

Finalmente, no Capítulo 6, apresentamos algumas análises alternativas à abordagem tradicional de modelagem estatística de regressão com ênfase na apresentação de métodos gráficos utilizando o programa R, mostrando seus comandos e as saídas computacionais. Discutimos, também, o estudo pré e pós-teste, apresentando a correlação phi, a correlação tetracórica e o teste de McNemar. Por fim, descrevemos como elaborar gráficos de árvore de decisão, análise exploratória de perfis e a *Configural Frequency Analysis* (CFA).

Todos os capítulos tem citações e exemplos bem estabelecidos e conhecidos na literatura estatística, pois nosso objetivo é de que o conteúdo possa ser bem compreendido e, posteriormente, verificado pelo próprio leitor, buscando aprimorar o conhecimento nessa área da estatística.

Empregamos nesta obra recursos que visam enriquecer seu aprendizado, facilitar a compreensão dos conteúdos e tornar a leitura mais dinâmica. Conheça a seguir cada uma dessas ferramentas e saiba como elas estão distribuídas no decorrer deste livro para bem aproveitá-las.

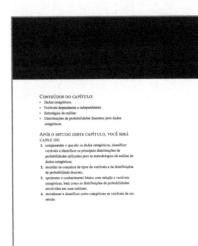

CONTEÚDOS DO CAPÍTULO:
Logo na abertura do capítulo, relacionamos os conteúdos que nele serão abordados.

APÓS O ESTUDO DESTE CAPÍTULO, VOCÊ SERÁ CAPAZ DE:
Antes de iniciarmos nossa abordagem, listamos as habilidades trabalhadas no capítulo e os conhecimentos que você assimilará no decorrer do texto.

O QUE É
Nesta seção, destacamos definições e conceitos elementares para a compreensão dos tópicos do capítulo.

EXERCÍCIOS RESOLVIDOS

Nesta seção, você acompanhará passo a passo a resolução de alguns problemas complexos que envolvem os assuntos trabalhados no capítulo.

EXEMPLIFICANDO

Disponibilizamos, nesta seção, exemplos para ilustrar conceitos e operações descritos ao longo do capítulo a fim de demonstrar como as noções de análise podem ser aplicadas.

Para saber mais

Sugerimos a leitura de diferentes conteúdos digitais e impressos para que você aprofunde sua aprendizagem e siga buscando conhecimento.

Síntese

Ao final de cada capítulo, relacionamos as principais informações nele abordadas a fim de que você avalie as conclusões a que chegou, confirmando-as ou redefinindo-as.

Questões para revisão

Ao realizar estas atividades, você poderá rever os principais conceitos analisados. Ao final do livro, disponibilizamos as respostas às questões para a verificação de sua aprendizagem.

Questões para reflexão

Ao propor estas questões, pretendemos estimular sua reflexão crítica sobre temas que ampliam a discussão dos conteúdos tratados no capítulo, contemplando ideias e experiências que podem ser compartilhadas com seus pares.

Síntese

Neste capítulo de introdução às variáveis categóricas, apresentamos a importância desse tipo de variável e as estratégias estatísticas conhecidas para sua análise. As distribuições de probabilidades discretas binomial, de Poisson e multinomial foram apresentadas aqui em razão de sua importância para a análise de variáveis com respostas categóricas que serão desenvolvidas nos próximos capítulos.

Questões para revisão

1) Classifique cada uma das variáveis a seguir em qualitativa nominal ou ordinal ou quantitativa discreta ou contínua:

a. Número de quedas no sistema de computação de uma empresa durante um ano.
b. Local de nascimento dos funcionários de um restaurante.
c. Intensidade do uso de bebida alcoólica por estudantes universitários (baixa, moderada ou alta).
d. Tempo semanal utilizado por um funcionário para responder reclamações online (em horas).
e. Aumento percentual nas vendas de varejo durante o ano de 2021.

2) Considere X uma variável que segue uma distribuição binomial com 6 eventos e probabilidade de sucesso de $\frac{1}{4}$ em cada tentativa. Qual é a probabilidade de (i) obter exatamente 4 sucessos e (ii) obter pelo menos 1 sucesso?

a. 0,703 e 0,178, respectivamente.
b. 0,033 e 0,178, respectivamente.
c. 0,033 e 0,822, respectivamente.
d. 0,703 e 0,822, respectivamente.

3) Um dado viciado é arremessado 30 vezes e a frequência de 6 obtidas é igual a 8. Se o dado é arremessado mais 12 vezes, encontre:

a. a probabilidade de que ocorra 6 exatamente duas vezes.
b. o número esperado de 6;
c. a variância de frequência de números 6.

---

4) Suponha que 15% das pessoas sejam canhotas. Se selecionarmos 5 pessoas ao acaso, encontre a probabilidade de cada resultado a seguir:

a. o primeiro canhoto é a quinta pessoa escolhida;
b. existem exatamente 3 canhotos no grupo;
c. há alguns canhotos entre as 5 pessoas;
d. não há mais de 3 canhotos no grupo.

5) No decorrer de 365 dias, 1 milhão de átomos radioativos de Césio-137 decaíram para 977.287 átomos radioativos. Use a distribuição de Poisson para estimar a probabilidade de que, em determinado dia, 30 átomos radioativos tenham decaído.

6) Ligações telefônicas entram em uma central telefônica em média a cada três minutos. Qual é a probabilidade de 5 ou mais chamadas chegarem em um período de 9 minutos?

Questões para reflexão

1) Suponha que uma carta seja retirada aleatoriamente de um baralho comum de cartas de baralho e depois colocada de volta. Isso é repetido cinco vezes. Qual é a probabilidade de tirar 1 espada, 1 copas, 1 ouros e 2 paus?

2) Em determinada cidade, 40% dos eleitores elegíveis preferem o candidato A, 10% preferem o candidato B, e os 50% restantes não têm preferência. Você retira da amostra aleatoriamente 10 eleitores elegíveis. Qual é a probabilidade de que 4 prefiram o candidato A, 1 prefira o candidato B e os 5 restantes não tenham preferência?

CONTEÚDOS DO CAPÍTULO:

- Dados categóricos.
- Variáveis dependentes e independentes.
- Estratégias de análise.
- Distribuições de probabilidades discretas para dados categóricos.

APÓS O ESTUDO DESTE CAPÍTULO, VOCÊ SERÁ CAPAZ DE:

1. compreender o que são os dados categóricos, classificar variáveis e identificar as principais distribuições de probabilidades utilizadas para as metodologias de análise de dados categóricos;
2. recordar os conceitos de tipos de variáveis e de distribuições de probabilidade discreta;
3. aprimorar o conhecimento básico com relação a variáveis categóricas, bem como as distribuições de probabilidades envolvidas em suas análises;
4. reconhecer e classificar como categóricas as variáveis de um estudo.

1

Introdução aos dados categóricos

Neste capítulo, objetivamos introduzir o conceito de variáveis categóricas. Destacaremos as formas de abordar esse tipo de variável – independentes ou dependentes – em um estudo ou uma pesquisa, bem como as metodologias estatísticas adequadas para sua análise. Também revisitaremos as distribuições de probabilidades mais utilizadas para variáveis categóricas, tais como binomial, de Poisson e multinomial.

1.1 Dados categóricos

Os dados conhecidos por *categóricos* provêm da resposta de variáveis que são medidas por meio de um número limitado, considerando valores e categorias. Diferem dos dados contínuos, pois nestes a resposta provém de variáveis cujos valores podem assumir um número infinito.

A utilização de variáveis com respostas categóricas ou respostas contínuas, em sua aplicação prática, vai depender da abordagem do pesquisador. Na área de ciências sociais, as variáveis utilizadas são normalmente categóricas, como sexo, raça, estado civil, nascimento e morte, ocupação etc.

No entanto, também é possível tratar variáveis com respostas contínuas como categóricas, basta fazer a chamada *categorização* ou *discretização da variável*. Esse processo vai depender da necessidade do pesquisador ao realizar uma análise de dados, ou seja: Qual é a resposta que ele precisa analisar? Conforme a necessidade, ele pode adequar os resultados, como em um questionário no qual se deseja saber a idade dos indivíduos. Contudo, é possível colocar faixas de idade para a resposta, de 5 em 5 anos, ou de 10 em 10 anos, conforme o interesse da pesquisa, transformando a variável de contínua para categórica.

Em vários estudos, as variáveis categóricas são importantes, por exemplo: suponha que você deseja verificar se existe diferença no rendimento de alunos provenientes de escolas públicas e privadas com base em dados demográficos, como a localização da escola (urbano, suburbano, rural), a situação socioeconômica do estudante (baixa, média, alta) etc.

Em pesquisa, é comum utilizar questionários que usam a escala de Likert, que é uma técnica de investigação que tem por objetivo medir a opinião ou a satisfação de um indivíduo com relação a alguma proposição. Um exemplo comumente utilizado para respostas desse tipo pode ser "concordo plenamente", "concordo", "nem concordo nem discordo", "discordo", "discordo plenamente". Para análise dessa escala, é necessário pontuar cada resposta por meio da definição de um escore, por exemplo: discordo plenamente = 1; discordo = 2; neutro = 3; concordo = 4; concordo plenamente = 5. A análise de dados é feita considerando o escore definido para cada resposta – no exemplo, o escore é ordenado de mais baixo para mais alto de acordo com a concordância ao que foi proposto na pergunta do questionário aplicado.

1.2 Variáveis dependentes e independentes

Na análise de dados, o papel das variáveis envolvidas é muito importante. A variável chamada de *dependente* contém a informação de uma característica populacional que se deseja analisar em determinado estudo em vista de uma variável chamada *independente*, que explica as variações na variável dependente. A variável dependente é também chamada de *resposta*, *resultado* ou *endógena*, normalmente denotada por Y. A variável independente é também chamada de *explicativa*, *predeterminada*, *preditiva*, *regressora* ou *exógena*, normalmente denotada por X. O parâmetro de interesse populacional mais comumente utilizado é a média da variável dependente condicional aos valores da variável independente, ou a um conjunto de variáveis independentes.

Por exemplo, em um modelo regressivo, prediz-se o valor esperado da variável dependente como função de regressão da variável independente. Um modelo regressivo pode predizer o valor esperado ou outra característica populacional de interesse, como a mediana, ainda assim o modelo mais utilizado é o da média (Powers; Xie, 1999). Para variáveis dependentes contínuas, é comum a aplicação do modelo de regressão linear para análise.

1.3 Estratégias de análise

Ao escolher o tipo de análise que vai ser considerada em uma pesquisa, vários fatores devem ser levados em conta pelo pesquisador. Será que a variável vai ser categórica? Será que vai ser contínua? Um fator primordial é o significado subjetivo da variável no modelo: Qual é a resposta que se espera obter com essa variável? Outro fator importante é a medição da variável. Uma medida categórica deve ter valores repetidos pelo menos em uma proporção significativa da amostra.

Na análise de dados de modelos regressivos, as variáveis categóricas, quando usadas como independentes, têm menor impacto em sua utilização. Já as variáveis categóricas selecionadas como dependentes, ou seja, como variáveis resposta, devem ser abordadas por meio de modelos específicos. Esses modelos serão apresentados no decorrer dos capítulos deste livro.

1.3.1 Tipos de variáveis

As respostas das variáveis podem ser medidas quantitativas ou qualitativas. A medida quantitativa apresenta um valor numérico, e a qualitativa é uma variável categórica.

As **variáveis quantitativas** podem ser classificadas como *variáveis contínuas* ou *variáveis discretas*. A variável contínua pode assumir valores infinitos, ou seja, qualquer valor dentro do conjunto dos números reais. Já as variáveis discretas somente assumem valores finitos ou infinitos enumeráveis, ou seja, números inteiros, contáveis.

As **variáveis qualitativas** podem ser do tipo *ordinal* ou *nominal*. Como o nome já diz, as variáveis qualitativas ordinais têm uma ordenação na resposta, ou seja, uma ordem qualitativa. Devemos ter atenção para que a ordenação numérica reflita somente uma ordenação de um atributo – por exemplo, a variável nível de educação tem como resposta: primário, secundário, graduação e pós-graduação, sendo a sua ordenação 1, 2, 3 e 4. Variáveis nominais são não ordenadas, mas têm uma resposta qualitativa nominal, por exemplo: o estado civil de um cidadão (solteiro, casado, companheiro, divorciado, viúvo). A figura a seguir ilustra os tipos de variáveis.

Figura 1.1 – Tipos de variáveis

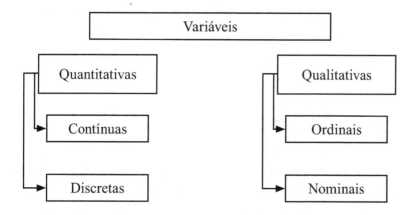

1.3.2 Abordagem de análises de dados categóricos

A análise de dados categóricos se desenvolveu no decorrer do tempo em razão de sua característica multidisciplinar, beneficiando diversas áreas do conhecimento, como a bioestatística, a economia, as ciências sociais, a psicologia etc. Contudo, a interdisciplinaridade trouxe consigo algumas dificuldades decorrentes das divergências de terminologias e aplicações entre as áreas do conhecimento. Existe uma compreensão diferente acerca da natureza dos dados categóricas, a qual se traduz em duas linhas de pensamento. Uma delas entende esses dados como categoricamente **inerentes** e entrega a transformação de dados à solução para obter os modelos do tipo regressivos – abordagem conhecida como *transformacional*. Já a outra entende esses dados como conceitualmente **contínuos**, contudo, observados ou mensurados como categóricos, conhecida como *abordagem da variável latente*. Pearson (1904) e Yule (1911) debateram acaloradamente essas diferentes abordagens entre 1904 e 1913 (Powers; Xie, 1999). No presente livro, apresentaremos somente a abordagem transformacional.

A abordagem transformacional não considera nenhuma variável que não foi observada no estudo. A correspondência entre os parâmetros populacionais e a amostra é direta. A modelagem estatística utilizada considera que o valor esperado para a variável categórica dependente, depois de alguma transformação, é expresso como função linear da variável independente. A variável dependente, sendo categórica, não tem uma função de regressão linear. Para trabalhar com a não linearidade, são utilizadas funções não lineares que transformam o valor esperado de uma variável categórica em uma função linear da variável independente. As funções de transformações são chamadas de *função de ligação*, ou *função link*. Por exemplo, utiliza-se uma função de logaritmo natural para ajudar uma análise de dados discretos, já que a frequência esperada deve ser não negativa. Essa função transforma o valor esperado da variável dependente, e o modelo de contagem é expresso como função linear da variável independente. Utilizando essa transformação, é possível garantir que os valores ajustados sejam não negativos, obedecendo, assim, ao pré-requisito da análise de dados discretos e, também, mantendo os parâmetros não conhecidos da regressão dentro do espaço paramétrico. Tais transformações e análises serão abordadas nos capítulos a seguir.

1.4 Distribuições de probabilidades discretas para dados categóricos

A análise estatística considera que os dados se distribuem de modo a seguir aproximadamente alguma distribuição de probabilidade. No caso dos dados categóricos, as distribuições de probabilidades discretas mais utilizadas são a distribuição binomial, a de Poisson e a multinomial. A seguir, vejamos as características e a utilização dessas distribuições.

1.4.1 Distribuição binomial

Para exemplificar a distribuição binominal, considere o arremesso de uma moeda honesta como um evento. Caso a resposta esperada seja *cara*, a resposta *cara* representa sucesso e a resposta *coroa* representa fracasso. No caso de *n* eventos independentes e idênticos, com *independência* significando que a resposta de um evento não interfere na resposta do outro e *idêntico* significando que a probabilidade de sucesso é a mesma em cada evento, tem-se uma distribuição binomial.

O que é

A *distribuição binomial* é uma distribuição de probabilidade discreta em que seus valores podem assumir somente um de dois possíveis resultados.

A probabilidade de sucesso em um evento é denotada por π; Y denota a variável resposta número de sucessos em n eventos; e n é o número de eventos (ou experimentos, testes, ensaios, observações realizadas). A preposição da distribuição é de n eventos independentes e idênticos, sendo Y uma variável aleatória que atende a esses pressupostos; Y tem distribuição ninomial com índice n e parâmetro π, e a probabilidade do resultado y para Y é dada por:

Equação 1.1

$$P(y) = \frac{n!}{y!(n-y)!}\pi^y (1-\pi)^{n-y}, \quad y = 0,1,2,...,n$$

A distribuição binomial tem parâmetros dados por:

Média: $E(Y) = \mu = n\pi$

Desvio padrão: $\sigma = \sqrt{n\pi(1-\pi)}$

Outras respostas binomiais podem ser o número de peças defeituosas em uma linha de produção, resposta sim ou não, sexo feminino ou masculino, geração de lucro de uma empresa (gera lucro/não gera lucro) etc.

Exercício resolvido

1) Considere o exemplo em que duas equipes de basquete, A e B da NBA (National Basketball Association) disputarão uma sequência de 7 jogos. Considere que os jogos atendem às pressuposições da distribuição binomial, ou seja, são eventos independentes e idênticos. Suponha que as duas equipes têm probabilidades iguais de vitória. Qual é a probabilidade do time A vencer 4 jogos? A variável de interesse Y é a quantidade de sucessos, que deve ser 4 em um total de 7 eventos. A probabilidade de sucesso em cada evento é $\pi = 0,5$. Aplicando os dados à fórmula da distribuição binomial, obtemos a probabilidade de o time A vencer 4 de 7 jogos, conforme segue:

$$P(4) = \frac{7!}{4!(7-4)!}0,5^4 (1-0,5)^{7-4}$$

$$P(4) = \frac{7!}{4!3!}0,5^4 (0,5)^3$$

$$P(4) = 0,2734$$

A probabilidade de o time A vencer 4 jogos, tendo iguais chances de ganhar cada jogo, é de 0,2734, ou de aproximadamente 27%.

Ainda assim, a distribuição binomial tem algumas características que podem ser discutidas utilizando esse mesmo exemplo. A Tabela 1.1 mostra as probabilidades de vitória da equipe A quando esta tem probabilidade de sucesso de 0,5; 0,6; 0,7 e 0. Também mostra as probabilidades de vitória de 1 a 7, ainda que, na prática, o time vencedor da série seja o que atingir primeiro 4 vitórias. No entanto, para visualizar todo o espectro do exemplo, a tabela mostra todas as probabilidades.

Tabela 1.1 – Distribuição binomial com n = 7 para $\pi = 0,5$, $\pi = 0,6$, $\pi = 0,7$ e $\pi = 0,8$

y	p(y)			
	$\pi = 0,5$	$\pi = 0,6$	$\pi = 0,7$	$\pi = 0,8$
0	0,0078	0,0016	0,0002	0,0000
1	0,0547	0,0172	0,0036	0,0004
2	0,1641	0,0774	0,0250	0,0043
3	0,2734	0,1935	0,0972	0,0287
4	0,2734	0,2903	0,2269	0,1147
5	0,1641	0,2613	0,3177	0,2753
6	0,0547	0,1306	0,2471	0,3670
7	0,0078	0,0280	0,0824	0,2097

Gráfico 1.1 – Distribuição binomial com n = 7 para $\pi = 0,5$, $\pi = 0,6$, $\pi = 0,7$ e $\pi = 0,8$

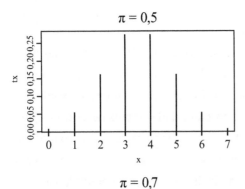
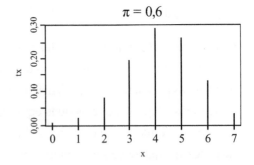
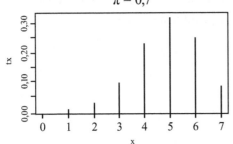
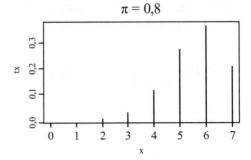

É possível verificar que a distribuição binomial é sempre simétrica quando $\pi = 0,5$. Ela se torna mais inclinada conforme π se move em direção a 0 ou 1 para um tamanho fixo de amostra n. Quando o valor da probabilidade π é fixo, a distribuição se aproxima de um formato de sino conforme cresce o tamanho da amostra n. A distribuição binomial pode aproximar-se da distribuição normal caso o tamanho de amostra seja suficientemente grande. A literatura relata que $n\pi$ e $n(1 - \pi)$ tem de ser pelo menos igual a 5, e, quando se aproxima de 0 ou 1, amostras ainda maiores são necessárias para que essa aproximação ocorra.

Distribuição binomial = dbinom no programa R

```
## uma variável binomial com n=7 e p=0.5
x <- 0:7 # crio vetor de dados
fx <- dbinom(x, 7, 0.5) # função densidade de probabilidade
plot(x, fx, type = "h") # gráfico simples da função densidade de probabilidade
Fx <- pbinom(x, 7, 0.5) # função distribuição acumulada
plot(x, Fx, type = "s") # gráfico simples da função distribuição acumulada
## Calculando as probabilidades
dbinom(0, 7, 0.5)
dbinom(7, 7, 0.6)
dbinom(7, 7, 0.7)
dbinom(7, 7, 0.8)
```

1.4.2 Distribuição de Poisson

A distribuição de Poisson se aplica a eventos que ocorrem sob um intervalo específico, sendo a variável aleatória Y o número de ocorrências do evento dentro desse intervalo. O intervalo de referência pode ser o tempo, a área, o volume ou alguma unidade similar.

O que é

A *distribuição de Poisson* é uma distribuição de probabilidade discreta utilizada quando a ocorrência de seus eventos acontece em determinado intervalo (Triola, 2018).

Por exemplo, o número de clientes que entram em uma agência bancária em uma hora e o número de mortes decorrentes de acidentes automobilísticos na cidade de São Paulo em uma semana. Esses dados de contagem não têm um número fixo de amostra, já que dependem do intervalo para realizar a contagem. A distribuição de Poisson (2012[1837]) representa esse tipo de dados de contagem, já que Y é um número não negativo e suas probabilidades dependem de um único parâmetro, que é a média (μ), e a função de probabilidade é dada por (Poisson, 2012[1837], p. 206):

Equação 1.2

$$P(y) = \left(\frac{e^{-\mu}\mu^y}{y!} \right), \ y = 0, 1, 2, \ldots$$

Seus parâmetros são dados por,

Média: $E(Y) = \mu$

Desvio padrão: $\sigma = \sqrt{\mu}$

As pressuposições para utilizar essa distribuição são de que os eventos devem ser aleatórios, independentes e uniformemente distribuídos dentro do intervalo que está sendo considerado. A média é igual ao valor da variância e unimodal, com a moda sendo igual a parte inteira da média. À medida que o valor da média aumenta, a distribuição de Poisson se aproxima da distribuição normal, e, quando o tamanho de *n* é grande e a probabilidade π é pequena, aproxima-se da distribuição binomial, com $\mu = n\pi$ (lembrando que π corresponde à probabilidade de sucesso).

Um conjunto de dados clássico que exemplifica a distribuição de Poisson são os dados coletados por Bortkiewicz (1898) durante a guerra da Prússia. Ele coletou dados da morte de soldados por coice de cavalos e mulas. Os dados foram coletados de 1875 a 1894 de 14 batalhões – os dados originais estão em tabela apresentada por Andrews e Herzberg (1985, p. 18). Tais dados foram também utilizados por Fisher (1925, p. 55); Winsor (1947); e Bishop, Fienberg e Holland (1975), bem como por Quine e Seneta (1987); estes últimos associaram os dados à lei dos grandes números, artigo que recomendamos a leitura.

Tabela 1.2 – Resumo dos dados de Bortkiewicz sobre mortes por coices de cavalo no exército prussiano

Total de mortes	Frequência
0	109
1	65
2	22
3	3
4	1
TOTAL	**200**

Fonte: Elaborado com base em Andrews; Herzberg, 1985.

O evento de ser morto por um coice de cavalo é tido como raro, porém, considerando um batalhão do exército exposto a esse risco por um ano, um ou mais eventos podem acontecer.

Exercício resolvido

2) A Tabela 1.2 mostra as frequências com as quais ocorreram de 0 a 4 mortes, que foi o número máximo registrado em cada batalhão por ano. Será que a distribuição de Poisson é um bom ajuste para esse modelo?

Para calcular as probabilidades, é necessário encontrar a média para os 200 batalhões-anos, sendo calculada de forma ponderada. As probabilidades teóricas podem ser obtidas substituindo os valores das frequências na fórmula da Poisson.

$$\text{Média} = \frac{(0 \times 109) + (1 \times 65) + (2 \times 22) + (3 \times 3) + (4 \times 1)}{200} = \frac{122}{200} = 0,61$$

$$P(0) = \left(\frac{e^{-0,61} 0,61^0}{0!} \right) = 0,5434$$

$$P(1) = \left(\frac{e^{-0,61} 0,61^1}{1!} \right) = 0,3314$$

$$P(2) = \left(\frac{e^{-0,61} 0,61^2}{2!} \right) = 0,1011$$

$$P(3) = \left(\frac{e^{-0,61} 0,61^3}{3!} \right) = 0,0206$$

$$P(4) = \left(\frac{e^{-0,61} 0,61^4}{4!} \right) = 0,0031$$

A Tabela 1.3 mostra as probabilidades e as frequências esperadas ajustadas pela distribuição teórica, sendo possível verificar que o modelo é bem ajustado, já que as frequências esperadas se aproximam das frequências observadas.

O Gráfico 1.2 mostra como a distribuição de Poisson se comporta de modo descendente, já que a probabilidade diminui conforme o número de mortes por ano aumenta.

Tabela 1.3 – Probabilidades e frequências esperadas para os dados de von Bortkiewicz sobre mortes por coices de cavalo no exército Prussiano

Total de mortes	Frequência observada	Probabilidade (p)	Frequências esperadas (200xp)
0	109	0,5434	109
1	65	0,3314	66
2	22	0,1011	20
3	3	0,0206	4
4	1	0,0031	1

Gráfico 1.2 – Distribuição de Poisson com média 0,61 e contagem de mortes por coices de cavalos

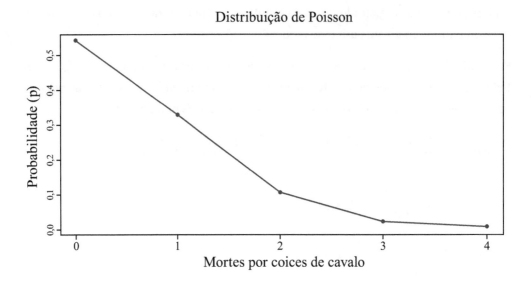

Saída gráfica e cálculo de probabilidades no programa R

```
> data("HorseKicks", package = "vcd")
> dados<-c(rep(0,109),rep(1,65),rep(2,22),rep(3,3),rep(4,1))
> mean(dados) ## uma forma de cálculo da média (mi)
> HorseKicks <- goodfit(HorseKicks, type = "poisson") # estimativas por
máxima verossimilhança
> HorseKicks$par # estimativa da média (mi)
> Exemplo.CoicesCavalo <- dpois(0:4,0.61) # Probabilidades tabela 1.3
## Construção de gráfico simples utilizando função "plot"
> Exemplo.Poisson <- dpois(0:4,0.61)
> plot(Exemplo.Poisson, main="Distribuição de Poisson", type="o",
 xlab = "Total de Mortes por Coices de Cavalo", ylab="Probabilidade (p)",
col = "blue")
```

1.4.3 Distribuição multinomial

Para exemplificar a distribuição multinomial, considere arremessar um dado para computar seu número da face superior. O dado tem 6 possibilidades {1, 2, 3, 4, 5, 6}. Para ter uma distribuição multinomial, cada evento deve ser independente e ter a mesma probabilidade de categoria.

O que é

A *distribuição multinomial* é uma distribuição discreta multivariada. É utilizada quando um evento pode ter mais de duas respostas possíveis.

Conforme definição em Agresti (2019), seja c o número de respostas da categoria e as probabilidades dadas por $\{\pi_1, \pi_2, ..., \pi_c\}$, o somatório das probabilidades é igual a 1. Seja $y = 1$ caso o evento i tenha um resultado na categoria j. Seja $y_{ij} = 0$, caso contrário. Então, $y_i = (y_{i1}, y_{i2}, y_{i3}, ..., y_{ic})$ representa um evento multinomial, com $\sum y_{ij} = 1$.

Seja $n_j = \sum_i y_{ij}$ o número de eventos que tem resposta na categoria j. A contagem $(n_1, n_2, n_3, ..., n_c)$ tem uma distribuição multinomial. Seja $\pi_j = P(Y_{ij} = 1)$ a probabilidade de resultado na categoria j para cada evento, a função de probabilidade multinomial é dada por:

Equação 1.3

$$P(n_1, n_2, ..., c) = \left(\frac{n!}{n_1! \, n_2! \, ... \, n_c!} \right) \pi_1^{n_1} \pi_2^{n_2} \, ... \, \pi_c^{n_c}$$

Quando c tem apenas duas categorias, essa distribuição corresponde à binomial, sendo a distribuição binomial um caso especial da distribuição multinomial. No exemplo do arremesso de dados, se o interesse for em observar quantas vezes se obtém o número 6, ao arremessar o dado n, este seria um experimento com distribuição binomial, sendo o resultado 6 = sucesso e os resultados 1, 2, 3, 4, 5 = fracasso.

Para saber mais

Para o aprofundamento das questões relacionadas às variáveis aleatórias, à estatística descritiva e às distribuições de probabilidades de variáveis contínuas e de variáveis discretas revisitadas neste capítulo, recomendamos a leitura complementar das obras a seguir:

CASELLA, G.; BERGER, R. **Statistical Inference**. 2. ed. Pacific Grove, CA: Duxbury, 2001.

MORETTIN, L. G. **Estatística básica**: probabilidade e inferência. São Paulo: Pearson, 2010.

NAVIDI, W. **Probabilidade e estatística para ciências exatas**. Tradução de José Lucimar do Nascimento. Porto Alegre: AMGH; Bookman, 2012.

SPIEGEL, M. R.; SCHILLER, J. J.; SRINIVASAN, R. A. **Probabilidade e estatística**. 3. ed. Tradução de Sara Ianda Correa Carmona. Porto Alegre: Bookman, 2013.

TRIOLA, M. F. **Elementary Statistics**. 13. ed. Boston: Pearson, 2018.

SÍNTESE

Neste capítulo de introdução às variáveis categóricas, apresentamos a importância desse tipo de variável e as estratégias estatísticas conhecidas para sua análise. As distribuições de probabilidades discretas binomial, de Poisson e multinomial foram apresentadas aqui em razão de sua importância para a análise de variáveis com respostas categóricas que serão desenvolvidas nos próximos capítulos.

QUESTÕES PARA REVISÃO

1) Classifique cada uma das variáveis a seguir em qualitativa nominal ou ordinal ou quantitativa discreta ou contínua:

   a. Número de quedas no sistema de computação de uma empresa durante um ano.
   b. Local de nascimento dos funcionários de um restaurante.
   c. Intensidade do uso de bebida alcoólica por estudantes universitários (baixa, moderada ou alta).
   d. Tempo semanal utilizado por um funcionário para responder reclamações online (em horas).
   e. Aumento percentual nas vendas de varejo durante o ano de 2021.

2) Considere X uma variável que segue uma distribuição binomial com 6 eventos e probabilidade de sucesso de $\frac{1}{4}$ em cada tentativa. Qual é a probabilidade de (i) obter exatamente 4 sucessos e (ii) obter pelo menos 1 sucesso?

   a. 0,703 e 0,178, respectivamente.
   b. 0,033 e 0,178, respectivamente.
   c. 0,033 e 0,822, respectivamente.
   d. 0,703 e 0,822, respectivamente.

3) Um dado viciado é arremessado 30 vezes e a frequência de 6 obtidas é igual a 8. Se o dado é arremessado mais 12 vezes, encontre:

   a. a probabilidade de que ocorra 6 exatamente duas vezes;
   b. o número esperado de 6;
   c. a variância de frequência de números 6.

4) Suponha que 13% das pessoas sejam canhotas. Se selecionarmos 5 pessoas ao acaso, encontre a probabilidade de cada resultado a seguir:

   a. o primeiro canhoto é a quinta pessoa escolhida;
   b. existem exatamente 3 canhotos no grupo;
   c. há alguns canhotos entre as 5 pessoas;
   d. não há mais de 3 canhotos no grupo.

5) No decorrer de 365 dias, 1 milhão de átomos radioativos de Césio-137 decaíram para 977.287 átomos radioativos. Use a distribuição de Poisson para estimar a probabilidade de que, em determinado dia, 50 átomos radioativos tenham decaído.

6) Ligações telefônicas entram em uma central telefônica em média duas a cada três minutos. Qual é a probabilidade de 5 ou mais chamadas chegarem em um período de 9 minutos?

QUESTÕES PARA REFLEXÃO

1) Suponha que uma carta seja retirada aleatoriamente de um baralho comum de cartas de baralho e depois colocada de volta. Isso é repetido cinco vezes. Qual é a probabilidade de tirar 1 espada, 1 copas, 1 ouros e 2 paus?

2) Em determinada cidade, 40% dos eleitores elegíveis preferem o candidato A, 10% preferem o candidato B, e os 50% restantes não têm preferência. Você retira da amostra aleatoriamente 10 eleitores elegíveis. Qual é a probabilidade de que 4 prefiram o candidato A, 1 prefira o candidato B e os 5 restantes não tenham preferência?

Conteúdos do capítulo:

- Tabelas de contingência e estrutura de probabilidade.
- Independência entre variáveis categóricas.
- Comparando duas proporções em tabelas de dupla entrada (2 × 2).
- Risco relativo (*relative risk*) e razão de chances (*odds ratio*).
- Testes de independência.
- Testes de independência para variáveis ordinais.

Após o estudo deste capítulo, você será capaz de:

1. compreender a estrutura das tabelas de contingência em entradas 2 × 2, nomenclatura mais usual e suas propriedades;
2. recordar conceitos de probabilidade, risco e chance, bem como de testes de independência para variáveis categóricas;
3. aprimorar os conceitos referentes às análises para variáveis categóricas;
4. reconhecer metodologias para análises de variáveis categóricas utilizando tabelas de dupla entrada.

2

Tabelas de contingência

Neste capítulo, apresentaremos os conceitos referentes às tabelas de contingência. Esse tipo de tabela organiza os dados entre duas ou mais variáveis categóricas e dispõe a distribuição de frequências das variáveis em formato de matriz. Daremos ênfase para as tabelas de dupla entrada, ou seja, com duas variáveis de interesse, contudo, uma vez que esses conceitos estejam firmados, eles são facilmente estendidos para tabelas com várias entradas. Ainda, abordaremos as medidas de associação entre variáveis e os testes de independência que podem ser performados para esse tipo de arranjo.

2.1 Tabelas de contingência e estrutura de probabilidade

O termo *tabela de contingência* foi introduzido por Karl Person em seu artigo intitulado "On the Theory of Contingency and Its Relation to Association and Normal Correlation" ("Sobre a teoria da contingência e sua relação com associação e correlação normal"), de 1904, para se referir a tabelas em formato de matriz que dispõem da distribuição de frequência entre duas ou mais variáveis categóricas. Em seu exemplo original, Pearson mostrou uma tabela de entrada com duas variáveis, chamadas de *tabelas de dupla entrada* ou *tabelas 2 × 2*, correlacionando a presença ou ausência de uma marca de vacinação contra varíola, que ele chamou de *cicatriz*, com os resultados da doença, recuperados/mortes, durante a epidemia de varíola de 1890. Sejam as variáveis categóricas denominadas X e Y contendo I e J categorias respectivamente, as possibilidades de combinações entre as categorias dentro das variáveis é uma combinação do tipo IJ, que, na tabela de contingência, é apresentada em uma célula. Portanto, uma tabela de contingência apresenta I linhas e J colunas, no caso da tabela de dupla entrada há duas linhas e duas colunas. A seguir, apresentamos uma tabela de contingência genérica com as notações correspondentes.

Tabela 2.1 – Notação para uma tabela de contingência 2 × 2

Níveis colunas	Níveis linhas		Total
	1	2	
1	n_{11}	n_{12}	n_{1+}
2	n_{21}	n_{22}	n_{2+}
Total	n_{+1}	n_{+2}	n

Fonte: Stokes; Davis; Koch, 2000, p. 20, tradução nossa.

A seguir, apresentamos uma tabela de contingência para o exemplo original publicado por Karl Pearson em seu artigo de 1904.

Tabela 2.2 – Exemplo de tabela de contingência de entrada 2 × 2 para marca de varíola *versus* resultados da doença

Cicatriz	Resultados da doença		Totais
	Recuperados	Mortes	
Presente	1.562	42	1.604
Ausente	383	94	477
Totais	1.945	136	2.081

Fonte: Pearson, 1904, p. 21, tradução nossa.

Por meio dos dados mostrados na Tabela 2.2, é possível dizer que a taxa de mortalidade entre aqueles sem vacinação é mais de sete vezes a taxa daqueles com vacinação, considerando os indivíduos amostrados nesse estudo. Vale lembrar que nenhuma inferência está sendo feita a partir da visualização dessa tabela.

Denotaremos a probabilidade de ocorrência de (X, Y) na célula *ij* por π_{ij}, sendo que a distribuição de probabilidade para π_{ij} é uma distribuição conjunta de X e de Y. A linha e a coluna com as frequências totais apresentam as distribuições marginais, que resultam na soma das probabilidades conjuntas. As distribuições marginais, ou somente marginais, fornecem informações de uma única variável. Denotaremos as probabilidades conjuntas por $\left\{\pi_{i+}\right\}$ para as variáveis nas linhas, sendo *i* a categoria na linha, e $\left\{\pi_{+j}\right\}$ para a variável na coluna, sendo *j* a categoria na coluna. O sinal de + denota a soma sobre o índice:

$$\pi_{i+} = \sum_j \pi_{ij}$$

$$\pi_{+j} = \sum_i \pi_{ij}$$

Satisfazendo,

Equação 2.1

$$\sum_i \pi_{i+} = \sum_j \pi_{+j} = \sum_i \sum_j \pi_{ij} = 1$$

Conforme explicado nas sessões anteriores, uma variável pode ser considerada no estudo com a variável resposta (Y) e a outra como a variável explicativa (X). Quando a variável explicativa é fixa, e não aleatória, a noção de uma distribuição conjunta entre as variáveis não faz sentido; contudo, para uma categoria fixa da variável explicativa, a variável resposta tem uma distribuição de probabilidade. Faz sentido estudar como essa distribuição muda conforme a categoria na variável explicativa se modifica. Em vários estudos, o objetivo é comparar distribuições condicionais da variável resposta em vários níveis de variáveis explicativas (Agresti, 2013).

2.2 Independência entre variáveis categóricas

Os conceitos de probabilidade conjunta e marginal são importantes para entender a definição de independência entre variáveis categóricas. Duas variáveis categóricas serão definidas como *independentes* caso suas probabilidades conjuntas sejam iguais ao produto de suas probabilidades marginais:

Equação 2.2

$$\pi_{ji} = \pi_{i+}\pi_{+j}, \text{ para } i = 1, 2, ..., I \text{ e } j = 1, 2, ..., J$$

A notação utilizada é apresentada na tabela a seguir.

Tabela 2.3 – Notação para probabilidade conjunta, condicional e marginal em uma tabela de contingência 2×2

Linha	Coluna 1	2	Total
1	$\pi_{11}\left(\pi_{1|1}\right)$	$\pi_{12}\left(\pi_{2|1}\right)$	$\pi_{1+}(1)$
2	$\pi_{21}\left(\pi_{1|2}\right)$	$\pi_{22}\left(\pi_{2|2}\right)$	$\pi_{2+}(1)$
Total	π_{+1}	π_{+2}	1

Fonte: Elaborado com base em Powers; Xie, 1999; Stokes; Davis; Koch, 2000.

Para termos duas variáveis categóricas independentes, cada distribuição condicional da variável Y deve ser igual à sua distribuição marginal. Sendo Y a variável resposta e X a variável explicativa, há naturalmente uma definição de variáveis independentes.

No caso das distribuições amostrais, é possível denotar a probabilidade com um índice acima da letra grega escolhida. Aqui nos referimos à probabilidade como π, portanto, a probabilidade amostral pode ser denotada como $\hat{\pi}$.

2.3 Comparando duas proporções em tabelas de dupla entrada (2 × 2)

Vários estudos pretendem fazer comparações entre dois grupos em uma resposta binária, ou seja, uma resposta com apenas duas possibilidades. Esses dados são apresentados em uma tabela de contingência de dupla entrada, chamada de *tabela de contingência 2 × 2*, com as linhas representando os dois grupos e com as colunas indicando os níveis da variável Y.

2.3.1 Diferença de proporções

A seguir, apresentamos uma tabela de contingência 2 × 2 com a notação para proporção entre variáveis.

Tabela 2.4 – Tabela de contingência 2 × 2 genérica para proporções

	Sim	Não	Total	Proporção de Sim
Grupo 1	n_{11}	n_{12}	n_{1+}	$p_1 = n_{11}/n_{1+}$
Grupo 2	n_{21}	n_{22}	n_{2+}	$p_2 = n_{21}/n_{2+}$
Total	n_{+1}	n_{+2}	n	

Fonte: Stokes; Davis; Koch, 2000, p. 29, tradução nossa.

Os dois grupos são variáveis aleatórias simples com as probabilidades de sucesso dos dados da linha 1 denotadas por π_1 e de fracasso pelo complementar $1 - \pi_1$, bem como com as probabilidades de sucesso dos dados da linha 2 denotadas por π_2 e de fracasso por $1 - \pi_2$. A diferença de proporção $\pi_1 - \pi_2$ compara a probabilidade de sucesso entre as linhas. A diferença entre as proporções p_1 e p_2, com $d = p_1 - p_2$, tem esperança e variância iguais a:

$$\text{Esperança} = E\left(p_1 - p_2\right) = \pi_1 - \pi_2$$

$$\text{Variância} = V\left(p_1 - p_2\right) = \frac{\pi_1\left(1 - \pi_1\right)}{n_{1+}} + \frac{\pi_2\left(1 - \pi_2\right)}{n_{2+}}$$

Em que uma estimativa não viciada é dada por:

Equação 2.3

$$v_d = \frac{p_1(1 - p_1)}{n_{1+} - 1} + \frac{p_2(1 - p_2)}{n_{2+} - 1}$$

O intervalo de confiança com significância α para o valor esperado é dado por:

Equação 2.4

$$d \pm \left[z_{\alpha/2} \sqrt{v_d} + \frac{1}{2}\left(\frac{1}{n_{1+}} + \frac{1}{n_{2+}} \right) \right]$$

Em que:

- $z_{\alpha/2}$ corresponde a $(1 - \alpha/2)$, sendo α a significância determinada para o intervalo de confiança;
- *z é* a distribuição normal padrão (Fleiss, 1981).

Exercício resolvido

1) Considere o resultado de um ensaio clínico randomizado feito para comprar um tratamento proposto (intervenção) contra o placebo para um distúrbio respiratório. Os dados são apresentados na tabela a seguir. É possível verificar se existe uma associação estatística entre tratamento e resposta, mas também é possível estimar a diferença entre as taxas de resposta para os tratamentos de intervenção e placebo, incluindo um intervalo de confiança de 95%.

Tabela 2.5 – Respostas para ensaio clínico de um distúrbio respiratório

Tratamento	Resposta		TOTAL	Proporção resposta positiva
	Positiva	Negativa		
Placebo	16	48	64	0,250
Intervenção	40	20	60	0,667
Total	56	68	124	0,452

Fonte: Stokes; Davis; Koch, 2000, p. 30, tradução nossa.

A diferença $d = p_1 - p_2$ é igual a $d = 0,417$, e calculando o intervalo de confiança com 95% de confiabilidade:

$$I.C. = 0,417 \pm \left[(1,96)\left[\frac{0,667(1 - 0,667)}{60 - 1} + \frac{0,250(1 - 0.250)}{64 - 1} \right]^{\frac{1}{2}} + \frac{1}{2}\left(\frac{1}{60} + \frac{1}{64} \right) \right]$$

$$I.C. = 0,417 \pm [0,177] = (0,240,\ 0,594)$$

2.4 Risco relativo (*relative risk*) e razão de chances (*odds ratio*)

O risco relativo e a razão de chances, mais conhecidos pelas nomenclaturas em inglês *relative risk* (RR) e *odds ratio* (OR), são medidas utilizadas para avaliar a força de associação para tabelas de contingência 2×2.

O que é

Risco é a probabilidade de ocorrência de um evento ou resultado.

Estatisticamente, o risco é igual à chance de um resultado de interesse sobre todos os resultados possíveis em um experimento. A chance, ou *odds*, refere-se à probabilidade de ocorrência de um evento sobre a probabilidade de o evento não ocorrer (Ranganathan; Aggarwal; Pramesh, 2015).

2.4.1 Risco relativo

Para uma variável categórica binária, somente uma proporção é suficiente para resumir a informação, já que a outra é complementar e, portanto, redundante. No caso de variáveis categóricas com mais de duas categorias, digamos J categorias, somente J-1 proporções são não redundantes. O cálculo da razão entre as proporções condicionais tratando a primeira categoria para as linhas e a primeira categoria para as colunas como $\pi_{2|2} / \pi_{2|1}$ é chamado de *risco relativo*; no geral, existem I-1 comparações não redundantes para a variável explicativa com I categorias. Lembrando que π representa a probabilidade de sucesso para a resposta de uma variável categórica, a razão de risco relativo para uma tabela de contingência 2×2 é dada por:

Equação 2.5

$$RR = \pi_1 / \pi_2$$

Essa razão deve ser sempre não negativa. Quando o risco relativo é igual a 1, então $\pi_1 = \pi_2$, o que significa independência na resposta do grupo.

2.4.2 Razão de chances

Algumas das questões de interesse prático do pesquisador podem ser com relação à associação entre as variáveis envolvidas no estudo. Uma medida que descreve o nível de associação em uma tabela de contingência 2×2 é a razão de chances (ou *odds ratio*). A razão para certa probabilidade π de sucessos é dada por:

Equação 2.6

$$OR = \Omega = \frac{\pi}{(1 - \pi)}$$

A razão é não negativa e tem valor maior do que 1 quando um sucesso é mais provável do que um fracasso. Por exemplo, quando a probabilidade $\pi = 0,75$, a OR é igual a $\Omega = 0,75/(1 - 0,75) = 3$, ou seja, um sucesso é três vezes mais provável que um fracasso. No caso de $\Omega = 1/3$, temos que um fracasso é três vezes mais provável que um sucesso, já que, para obter o valor de $\Omega = 1/3$, o valor da probabilidade π deveria ser de 0,25, ou $\pi = \Omega / (\Omega + 1)$. Na linha i, a chance de sucesso é dada por:

Equação 2.7

$$\Omega_i = \frac{\pi_i}{\left(1 - \pi_i\right)}$$

A OR para Ω_1 e Ω_2 nas duas linhas é dada por:

Equação 2.8

$$\theta = \frac{\Omega_1}{\Omega_2} = \frac{\pi_1 / \left(1 - \pi_1\right)}{\pi_2 / \left(1 - \pi_2\right)}$$

Para distribuições conjuntas com probabilidades π_{ij}, aplica-se uma definição equivalente para a linha i, sendo a chance de sucesso na linha i dada por:

Equação 2.9

$$\Omega_i = \frac{\pi_{i1}}{\pi_{i2}}, \ i = 1,2$$

A OR para distribuições conjuntas é dada por:

Equação 2.10

$$\theta = \frac{\pi_{11} / \pi_{12}}{\pi_{22} / \pi_{22}} = \frac{\pi_{11}\pi_{22}}{\pi_{12}\pi_{21}}$$

Como a razão de chances resulta do produto entre as probabilidades das células diagonalmente opostas $\pi_{11}\pi_{22}$ e $\pi_{12}\pi_{21}$, essa razão também é conhecida como *razão de produto cruzado* (ou *cross-product ratio*) (Yule, 1900).

A seguir, enumeramos as propriedades que a razão de chances segue, conforme explica Agresti (2013):

- Pode assumir qualquer número não negativo.
- A independência entre variáveis ocorre quando $\pi_1 = \pi_2$ e quando $\theta = \theta_1 / \theta_2 = 1$.
- O valor de independência quando $\theta = \theta_1 / \theta_2 = 1$ é um valor base para a comparação entre as variáveis. Quando o valor de $\theta > 1$, a chance de sucesso é maior na linha um que na linha dois. Por exemplo, se $\theta = 2$, a chance de sucesso

na linha um é duas vezes a chance de sucesso da linha dois. Quando $\theta < 1$, a chance de sucesso é menor na linha um do que na linha dois.

- Os valores distantes de 1 em certa direção indicam uma associação mais acentuada. Considere que uma razão de chances de 3 está mais distante de 1 do que uma de 1,5 e, portanto, está mais distante da independência. Já uma razão de 0,5 está mais perto da independência do que uma razão de 0,2.
- Dois valores de θ representam a mesma associação quando um é o inverso do outro, contudo, em direção contrária. Por exemplo, quando a razão de chances $\theta = 0,2$, a chance de sucesso na linha um é 0,2 vezes a chance de sucesso da linha dois, ou $1/0,2 = 5$ vezes maior na linha dois do que na linha um. Caso a ordem da linha seja invertida, o novo valor da razão de chances será o inverso do valor original, já que os dados da tabela são os mesmos.
- A razão de chances não muda de valor caso a tabela mude os valores das linhas para as colunas e das colunas para as linhas; no entanto, o mesmo não se aplica para o risco relativo, cujo valor depende se é aplicado à primeira ou à segunda categoria de resultado. Quando ambas as variáveis são variáveis de resposta, a razão de chances pode ser definida usando probabilidades conjuntas ou a razão de produto cruzado.

Tendo em vista a propriedade de que a razão de chances não muda ainda que a tabela seja invertida entre linha e coluna, é conveniente utilizar a função *log* nesse valor, o $\log \theta$. Por exemplo, o $\log 5 = 0,7$ e o $\log 0,2 = -0,7$ representando a mesma associação. Ela é igualmente válida para um desenho de experimentos prospectivo, retrospectivo ou transversal. Isso faz com que a razão de chances amostral estime da mesma forma sendo a amostra grande ou pequena a partir de categorias marginais de uma variável.

Exemplificando

O exemplo retirado de Cook e Sheikh (2000) ilustra a relação entre RR e OR. A Tabela 2.6 apresenta os resultados observados referentes aos trabalhadores de quatro fábricas diferentes, denotadas por fábrica 1, 2, 3 e 4. A fábrica 2 é conhecida por utilizar grandes quantidades do químico chamado *anidro trimelítico* (TMA).

Tabela 2.6 – Sintomas respiratórios relacionados ao trabalho

	Sintomas		TOTAL
	SIM	NÃO	
Exposto	13	103	116
Não Exposto	21	264	285
TOTAL	34	367	401

Fonte: Cook; Sheikh, 2000, p. 16, tradução nossa.

O objetivo é investigar o perigo relativo que a utilização do químico pode causar aos trabalhadores da fábrica. Para tal, calcula-se o risco relativo ou a razão de chances dos trabalhadores da fábrica 2 comparados aos trabalhadores das outras fábricas, que não utilizam o químico. Os trabalhadores são classificados como *expostos* e *não expostos*, sendo considerados expostos os trabalhadores da fábrica 2, que utiliza o químico TMA. Os trabalhadores não expostos são referidos como *baseline*, que é a linha de base para o estudo.

O risco relativo (RR) compara o risco de exposição com os funcionários não expostos, e a razão de chances (OR) compara as chances.

Entre os trabalhadores expostos, o risco calculado é de 13/116 = 0,11, comparado ao risco de trabalhadores não expostos de 21/285 = 0,07. O RR é, portanto, $\pi_1 / \pi_2 = 0,11 / 0,07 = 1,52$, indicando que os trabalhadores expostos ao TMA, ou seja, os trabalhadores da fábrica 2, são cerca de 50% mais propensos a desenvolver sintomas respiratórios do que

os trabalhadores não expostos. O cálculo da OR por definição é $\theta = \left(\dfrac{\pi_{11}}{\pi_{12}}\right) / \left(\dfrac{\pi_{22}}{\pi_{22}}\right) = 1,59$, um valor pouco maior que o do RR.

Os dados são apresentados na tabela a seguir.

Tabela 2.7 – Risco relativo e razão de chances para os dados de sintomas respiratórios relacionados ao trabalho

	Sintomas		TOTAL	RISCO	RR	ODDS	OR
	SIM	NÃO					
Exposto	13	103	116	0,1121	1,5209	0,1262	1,5867
Não Exposto	21	264	285	0,0737		0,0795	

Fonte: Elaborada com base em Cook; Sheikh, 2000.

O quadro a seguir resume a definição de risco, chance, risco relativo e razão de chances, facilitando, assim, a compreensão dos termos.

Quadro 2.1 – Resumo das definições de medidas de associação para tabelas de contingência 2×2

Medida	Definição
Risco	Número de casos / Número de sujeitos
Chance (ODDS)	Número de casos / Número de não casos
Risco relativo (RR)	Risco em exposto / Risco em não exposto
Razão de chances (OR)	Odds em exposto / Odds em Não exposto

Fonte: Cook; Sheikh, 2000, p. 17, tradução nossa.

2.5 Testes de independência

Na Seção 2.2, abordamos os conceitos de probabilidade conjunta e marginal para esclarecer a definição de independência entre variáveis categóricas. O pressuposto de independência entre as variáveis categóricas envolvidas em um experimento ou estudo é essencial para a metodologia estatística, em razão de permitir a identificação de relações de causa e efeito no modelo. Os testes de independência são usados para comparar duas amostras de grupos não relacionados; o objetivo desse tipo de teste é determinar se as amostras em estudo realmente provém de grupos populacionais diferentes.

2.5.1 Estatística de teste qui-quadrado

A estatística qui-quadrado é também chamada de *estatística de Pearson*, em referência ao estatístico britânico Karl Pearson, que, em 1900, introduziu os conceitos que posteriormente ficaram conhecidos como teste de qui-quadrado. A importância dos conceitos introduzidos por Pearson foi tão relevante para a ciência estatística que Plackett (1983) discorre sobre seu desenvolvimento e alega que o artigo de Pearson foi um dos grandes monumentos da estatística do século XX. A estatística de qui-quadrado é dada por:

Equação 2.11

$$X^2 = \sum_{i=1}^{l}\sum_{j=1}^{c} \frac{\left(n_{ij} - \mu_{ij}\right)^2}{\mu_{ij}}$$

Para testar a hipótese nula H_0, sendo H_0 a hipótese de que as probabilidades das células sejam iguais a um valor fixo de π_{ij}, para um tamanho de amostra n com células n_{ij}, os valores de $\mu_{ij} = n\pi_{ij}$ correspondem às frequências esperadas e representam os valores esperados para quando H_0 é verdadeira. Para verificar se os dados contradizem a hipótese nula, compara-se n_{ij} com μ_{ij} e, caso a H_0 seja verdadeira, n_{ij} se aproxima de μ_{ij} em cada célula; quanto maior a diferença entre os parâmetros $\left(n_{ij} - \mu_{ij}\right)$, maior a evidência contra H_0.

A estatística X^2 tem uma distribuição aproximadamente qui-quadrado para n grande. O p-valor é a probabilidade nula de que X^2 seja pelo menos tão grande quanto o valor observado (Agresti, 2019). A aproximação pela distribuição qui-quadrado melhora à medida que μ_{ij} aumenta; o valor de referência para uma boa aproximação é de $\mu_{ij} \geq 5$.

A média da distribuição qui-quadrado é dada pelos seus graus de liberdade (gl), e o desvio-padrão é a raiz quadrada de duas vezes seu grau de liberdade $\left(\sqrt{2gl}\right)$. Os graus de liberdade da distribuição são obtidos por meio da diferença entre o número de parâmetros na hipótese alternativa e na hipótese nula. Conforme aumentam seus graus de liberdade, a distribuição se concentra em torno de valores mais altos e mais espalhados.

A distribuição é enviesada para a direita e torna-se em formato de sino (gaussiana) conforme o tamanho dos graus de liberdade aumentam. O Gráfico 2.1 exibe as densidades da distribuição qui-quadrado com gl = 1, 5, 10 e 20.

Gráfico 2.1 – Densidade da distribuição qui-quadrado de acordo com diferentes graus de liberdade (g)

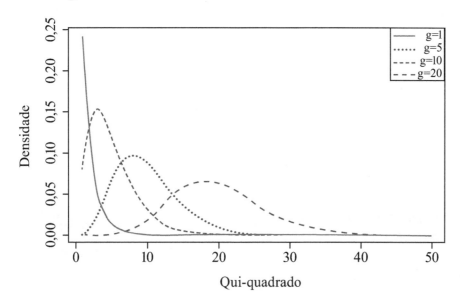

Exercício resolvido

2) Suponha que uma amostra de arremessos de moedas seja coletada. Três diferentes moedas são arremessadas 200 vezes e seus resultados observados anotados e apresentados na Tabela 2.8. A intenção é verificar se as três moedas têm as mesmas probabilidades de obter caras com 90% de confiabilidade no teste.

Tabela 2.8 – Resultados do arremesso de 3 moedas

RESULTADO	MOEDA			TOTAL
	A	**B**	**C**	
Cara	88	93	110	291
Coroa	112	107	90	309
TOTAL	200	200	200	600

Fonte: Elaborado com base em Emory University, 2023.

As frequências esperadas são de 97 caras e 103 coroas. Inserindo esses dados na estatística de teste qui-quadrado, obtemos:

$$X^2 = \frac{(88-97)^2}{97} + \frac{(93-97)^2}{97} + \frac{(110-97)^2}{97} + \frac{(112-103)^2}{103} + \frac{(107-103)^2}{103} +$$

$$\frac{(90-103)^2}{103} = 5.3247$$

O p-valor estimado é de 0,06978, o que indica que as moedas não têm as mesmas probabilidades de resultar em caras.

Cálculo das probabilidades no R

```
> m = matrix(c(88,93,110,112,107,90), ncol=3,byrow=TRUE)
> colnames(m) = c("Moeda A","Moeda B","Moeda C")
> rownames(m) = c("Cara","Coroa")
> summary(as.table(m))
Number of cases in table: 600
Number of factors: 2
Test for independence of all factors:
Chisq = 5.325, df = 2, p-value = 0.06978
```

2.5.2 Método da razão de verossimilhança

Alternativamente ao teste qui-quadrado de Person, podemos usar o método da razão de verossimilhança para testes de significância. Esse teste determina os valores dos parâmetros que maximizam a função de verossimilhança sob o pressuposto de que H_0 é verdadeira ou sob a condição mais geral de que H_0 pode ou não ser verdadeira. Conforme a literatura para razão de verossimilhança para estatística de teste, temos que:

Equação 2.1

$$-2\log\left(\frac{\text{máxima verossimilhança quando os parâmetros satisfazem } H_0}{\text{máxima verossimilhança quando os parâmetros são irrestritos}}\right)$$

Quando H_0 é falso, a razão H_0 que maximiza a verossimilhança tende a ficar bem abaixo de 1, pelo qual o logaritmo é negativo, então, –2 vezes a razão logarítmica tende a ser um número grande positivo, tanto mais quanto o tamanho de amostra aumenta.

Apresentando a estatística de teste para o caso de uma tabela de dupla entrada com função de verossimilhança baseada em uma distribuição multinomial, temos a estatística qui-quadrado da razão de verossimilhança:

Equação 2.13

$$G^2 = 2\sum n_{ij} \log\left(\frac{n_{ij}}{\mu_{ij}}\right)$$

Essa estatística tem as características da estatística de Pearson e divide várias propriedades. Valores maiores fornecem evidências mais fortes contra H_0, e G^2 atinge o valor
mínimo quando todo $n_{ij} = \mu_{ij}$. Geralmente, essas duas estatísticas fornecem conclusões
iguais mesmo sendo cálculos separados. Quando H_0 é verdadeiro e as frequências esperadas são grandes, as duas estatísticas têm a mesma distribuição qui-quadrado e seus
valores numéricos são semelhantes (Agresti, 2019).

2.5.3 Graus de liberdade

Os graus de liberdade são muito importantes na utilização do teste qui-quadrado, determinando o comportamento da distribuição. Os graus de liberdade aproximam a distribuição
de qui-quadrado quando a hipótese de independência é verdadeira e é dado pelo número de
termos independentes, sendo os totais marginais fixos.

O número total de termos é dado por linha x coluna ($I \times C$), que é o número de células
da tabela de contingência. Sob a hipótese nula H_0, existem $(I-1)$ probabilidades de linhas
não redundantes e $(J-1)$ probabilidades de colunas não redundantes. Sob a hipótese nula
H_0, existem $(I-1)+(J-1)$ parâmetros. Sob a hipótese alternativa, existe apenas a hipótese
de não independência, sem especificar um padrão para as probabilidades das células IJ,
então existem $(IJ-1)$ parâmetros não redundantes. Os graus de liberdade representam a
diferença entre o número de parâmetros sob a hipótese alternativa.

Equação 2.14

$$gl = (I-1)(J-1)$$

2.5.4 Teste exato de Fisher

Existem casos em que os valores das frequências esperadas são muito pequenos – por
exemplo, cinco ou menos. Nessas hipóteses, a estatística qui-quadrado não fornece uma
aproximação apropriada de teste. É possível, então, utilizar o teste exato de Fisher, proposto
por Fisher em 1934 em sua 5ª edição do livro *Statistical Methods for Research Workers*
(Sprent, 2011). Esse teste não utiliza a distribuição de qui-quadrado como aproximação,
mas sim a distribuição hipergeométrica, que associa a amostragem sem reposição de
uma população finita. Para determinado total marginal de linha e coluna, n_{11} determina
as outras três contagens de células; dessa forma, a fórmula hipergeométrica expressa
probabilidades para as quatro contagens de células em termos de n_{11}. Quando a razão de
chances $\theta = 1$, significando que existe independência entre as amostras binomiais de uma
tabela de contingência 2×2, a probabilidade de um valor n_{11} é dada por:

Equação 2.15

$$P(n_{11}) = \frac{\binom{n_{1+}}{n_{11}}\binom{n_{2+}}{n_{+1} - n_{11}}}{\binom{n}{n_{+1}}}$$

O teste de independência tem como hipótese nula H_0 a hipótese de independência entre as amostras, e a hipótese alternativa H_1 é a de não independência. O p-valor é a soma das probabilidades hipergeométricas dos resultados serem pelo menos tão favoráveis a H_1 como os resultados observados. O teste de Fisher calcula a probabilidade do arranjo das frequências observadas e de qualquer outro arranjo que forneça evidência de associação, sendo os totais marginais fixos. A soma das probabilidades é comparada com o nível de significância escolhido: se a probabilidade for um valor maior que o valor da significância escolhida, não há evidencias da associação entre as variáveis, e se o valor for menor que o valor da significância escolhida, a conclusão é a de que a hipótese nula deve ser rejeitada e, portanto, há evidência de associação entre as variáveis.

2.6 Testes de independência para variáveis ordinais

As variáveis categóricas ordinais têm como diferencial a ordenação das categorias. Os testes apresentados na seção anterior não consideram a ordenação da variável. Por esse motivo, faz-se necessário um teste específico para variáveis ordinais, que consideram a ordenação das variáveis utilizando estas como quantitativas e obtendo, assim, maior poder de teste.

2.6.1 Tendência linear alternativa à independência

É comum uma associação de tendência quando as variáveis são ordinais. Conforme X aumenta, as respostas em Y tendem a aumentar em direção a níveis mais altos ou a diminuir em direção a níveis mais baixos (Agresti, 2013).

Seja $u_1 \leq u_2 \leq ... \leq u_I$ utilizado para notação das pontuações para as linhas, e $v_1 \leq v_2 \leq ... \leq v_I$ utilizado para notação das pontuações para as colunas. As pontuações devem ter a mesma ordem dos níveis de categoria e devem ser escolhidos escores que reflitam as distâncias entre as categorias, com distâncias maiores entre as categorias consideradas mais distantes (Agresti, 2019). Sejam:

$\bar{u} = \sum_i u_i p_{i+}$ a média amostral das pontuações das linhas

$\bar{v} = \sum_j v_j p_{+j}$ a média amostral das pontuações das colunas

A covariância amostral entre X e Y é dada pela soma $\sum_{i,j}(u_i - \bar{u})(v_j - \bar{v})p_{ij}$, que pondera os produtos cruzados das pontuações de desvio por sua frequência relativa. O valor *r* é a correlação entre X e Y e é calculado pelo valor da covariância dividida pelo produto dos desvios padrão da amostra de X e Y. Ou seja:

Equação 2.16

$$r = \frac{\sum_{i,j}(u_i - \bar{u})(v_j - \bar{v})p_{ij}}{\sqrt{\left[\sum_i(u_i - \bar{u})^2 p_{i+}\right]\left[\sum_j(v_j - \bar{v})^2 p_{+j}\right]}}$$

Utilizando um *software*, basta indicar as pontuações de cada classificação e o cálculo é simples. A correlação *r* deve estar entre –1 e +1.

A estatística de teste para a hipótese nula de independência é dada por:

Equação 2.17

$$M^2 = (n-1)r^2$$

O valor de M^2 aumenta conforme *r* aumenta em magnitude e à medida que o tamanho da amostra *n* cresce. Para tamanho de *n* grande, M^2 tem uma distribuição aproximadamente qui-quadrado com gl = 1.

Como valores altos de M^2 contradizem a hipótese nula de independência, assim como as estatísticas X^2 e G^2, o p-valor é a probabilidade da causa direita acima do valor observado.

Ao extrair a raiz quadrada de M^2, $M = \sqrt{(n-1)}r$, tem-se uma distribuição aproximadamente normal nula. Como as estatísticas X^2, G^2 e M^2 não distinguem entre qual é a variável resposta e a explicativa, obtemos o mesmo valor independentemente de qual seja a variável na linha e qual seja a variável na coluna.

Exemplificando

O exemplo apresentado por Agresti (2002) sobre a satisfação no trabalho ilustra de maneira clara como utilizar esse teste. A Tabela 2.9 contém o resultado para a satisfação no trabalho e renda de 96 pessoas. Quando X e Y são ordinais, existe uma tendência de associação; neste exemplo, poderia haver uma associação de, quanto maior a satisfação no trabalho, maior a renda. Um único parâmetro pode descrever essa tendência.

Tabela 2.9 – Resultados para o exemplo de satisfação no trabalho por renda anual

Renda anual	Satisfação no trabalho				TOTAL
	Muito insatisfeito	Pouco insatisfeito	Moderadamente satisfeito	Muito satisfeito	
< 15.000	1	3	10	6	20
15.000 – 25.000	2	3	10	7	22
25.000 – 40.000	1	6	14	12	33
> 40.000	0	1	9	11	21
TOTAL	4	13	43	36	96

Fonte: Agresti, 2002, p. 57, tradução nossa.

Atribuindo à satisfação no trabalho escores (1, 2, 3, 4) e escores para renda (7,5, 20, 32,5, 60), para aproximar pontos médios de categorias em milhares de dólares, a correlação é $r = 0,2$. A estatística de tendência linear é $M^2 = (96 - 1)(0,2)^2 = 3.81$ Esse resultado mostra evidência de associação, sendo o p-valor igual a 0,051. Sendo essa evidência mais pronunciada ao utilizar a alternativa da tendência positiva (*one-side*), usando $M = \sqrt{n-1}r = 1,95$, p-valor = 0,026, tendo assim uma evidência de associação positiva entre as variáveis.

PARA SABER MAIS

O estatístico e professor Alan Gilbert Agresti é distinguido por ter várias obras sobre análise de dados categóricos que são considerados fundamentais nessa área, e, portanto, é uma citação recorrente na presente obra. Recomendamos a leitura de sua obra *Categorical Data Analysis*, especialmente do Capítulo 2, que faz uma descrição sobre as tabelas de contingência:

AGRESTI, A. **Categorical Data Analysis**. 3. ed. Florida: Wiley-Interscience, 2013.

A obra de Everitt também é voltada para a análise de tabelas de contingências:

EVERITT, B. S. **The Analysis of Contingency Tables**. 2. ed. Sumas, WA: Chapman & Hall, 1992.

Para saber mais sobre as metodologias envolvendo razões e proporções, indicamos:

FLEISS, J. L. **Statistical Methods for Rates and Proportions**. Hoboken, NJ: John Wiley & Sons, 1981.

As obras dos estatísticos pioneiros do século XX são fortemente recomendadas:

FISHER, R. A. **Statistical Methods for Research Workers**. 5. ed. Edinburgh: Oliver and Boyd, 1934.

PEARSON, K. **On the Theory of Contingency and its Relation to Association and Normal Correlation**. London: University of London, Department of Applied Mathematics, Dulau and CO, 1904.

Síntese

Neste capítulo, abordamos a definição de tabelas de contingência de dupla entrada. Apresentamos as notações comumente utilizadas na literatura para melhor compreensão do leitor. Ainda, analisamos os conceitos de independência de variáveis categórica e as metodologias para realizar testes de independência. Examinamos, por fim, os conceitos e as definições das medidas de associação de risco relativo (RR) e razão de chances (OR), que são muito utilizadas principalmente em bioestatística.

Questões para revisão

1) Considere a relação entre fumar e câncer de pulmão. Suponha que a exposição a fumar cigarros aumenta em 20% a incidência em câncer de pulmão, um risco relativo de 1.2. O câncer de pulmão tem uma incidência de 3% por ano em *baseline*, grupo não exposto. Suponha que a incidência em indivíduos obesos em *baseline* é 1/3 menor e o risco relativo associado com a exposição é também de 1.2. O estudo dura 25 anos e acompanha 1.000 sujeitos obesos e 1.000 não obesos expostos e uma amostra equivalente de não expostos. Trabalhe com uma incidência acumulada de 25 anos e um denominador de 1.000.

   a. Crie a tabela de dados para os sujeitos obesos e não obesos.
   b. Calcule a razão de chances para a doença no grupo exposto em relação ao grupo não exposto.
   c. Compare a razão de chances com o risco relativo de 1.2.

2) Em um dos famosos experimentos genéticos de Mendel com ervilhas, ele previu que 25% das ervilhas descendentes seriam amarelas. Em vez disso, ele viu 152 ervilhas amarelas e 428 ervilhas verdes. Encontre uma estimativa de intervalo de confiança de 95% para a porcentagem de ervilhas amarelas. Os resultados contradizem sua hipótese?

3) Um pesquisador quer saber se as respostas a uma afirmação (concordo totalmente, concordo, não tenho opinião, discordo, discordo totalmente) dependem do sexo ao nascer do entrevistador. Qual teste devemos usar? Encontre a hipótese nula e o valor crítico em $\alpha = 0,01$.

4) Analise as assertivas a seguir e assinale V para as verdadeiras e F para as falsas.

   ( ) Em tabelas 2 x 2, a independência estatística é equivalente a um valor de razão de chances populacional de $\theta = 1,0$.

( ) Descobrimos que um intervalo de confiança de 95% para a razão de chances (OR) relacionando a ter um ataque cardíaco (sim, não) ao medicamento (placebo, aspirina) é (1,44; 2,33). Se tivéssemos formado a tabela com aspirina na primeira linha (em vez de placebo), o intervalo de confiança de 95% teria sido (1/2,33; 1/1,44) = (0,43; 0,69).

( ) Usando uma pesquisa com estudantes universitários, estudamos a associação entre a opinião sobre se deve ser legal (1) usar maconha, (2) beber álcool se você tiver 16 anos. Poderemos obter um valor diferente para a razão de chances se tratarmos a opinião sobre o uso de maconha como a variável resposta do que se tratarmos o uso de álcool como a variável resposta.

( ) Trocar duas linhas ou trocar duas colunas em uma tabela de contingência não tem efeito sobre o valor das estatísticas qui-quadrado X^2 ou G^2. Assim, esses testes tratam tanto as linhas quanto as colunas da tabela de contingência como escala nominal, e se uma ou ambas as variáveis forem ordinais, o teste ignora essa informação.

( ) Suponha que renda (alta, baixa) e sexo ao nascer sejam condicionalmente independentes, dado o tipo de trabalho (secretário, construção, serviço, profissional etc.). Então, renda e sexo também são independentes na tabela marginal 2 x 2 (ou seja, ignorando, em vez de controlar, o tipo de trabalho).

Agora, assinale a alternativa que apresenta a sequência correta:

a. V, V, F, V, F.

b. F, V, F, V, V.

c. F, F, F, V, F.

d. V, V, V, F, V.

5) Um jogo em que bolinhas coloridas são retiradas de um saco com reposição tem três resultados possíveis: vermelho, verde e azul. O jogo é jogado 100 vezes com os resultados mostrados a seguir. Usando $\alpha = 0,05$, teste a afirmação de que as probabilidades para cada resultado são as seguintes: P(vermelho) = 0,40, P(verde) = 0,35 e P(azul) = 0,25. Em seguida, assinale a alternativa correta:

Cor	Vermelho	Verde	Azul
Frequência	32	45	23

a. A estatística de teste está na região de rejeição de H_0.

b. A estatística de teste não está na região de rejeição de H_0.

QUESTÕES PARA REFLEXÃO

1) Em jogos de basquete profissional durante 1980-1982, quando o jogador Larry Bird, então do Boston Celtics, arremessou um par de lances livres, 5 vezes ele errou os dois, 251 vezes ele acertou os dois, 34 vezes ele acertou apenas o primeiro e 48 vezes ele acertou apenas o segundo (Wardrop, 1995). É plausível que os lances livres sucessivos sejam independentes?

2) Em um estudo sobre a relação entre o estágio do câncer de mama no diagnóstico (local ou avançado) e o arranjo de vida da mulher, de 144 mulheres que moravam sozinhas, 41,0% tinham o caso avançado; dos 209 que viviam com cônjuge, 52,2% eram de casos avançados; dos 89 que moravam com outras pessoas, 59,6% dos casos eram avançados. Os autores reportaram o p-valor para a relação como 0,02 (Moritz; Satariano, 1993). Reconstrua a análise realizada para obter esse p-valor.

Conteúdos do capítulo:

- Regressão logística e interpretação dos parâmetros.
- Inferências por regressão logística.
- Regressão logística com preditores categóricos.
- Extensão do modelo de regressão logística.
- Aplicações do modelo de regressão logística.

Após o estudo deste capítulo, você será capaz de:

1. compreender o que é e quando usar um modelo de regressão logística, os respectivos parâmetros, como interpretá-los e calculá-los;
2. recordar modelos regressivos;
3. aprimorar o conhecimento com relação aos modelos regressivos;
4. reconhecer a importância do uso de modelos de regressão logística.

3

Regressão logística

Neste capítulo, apresentamos a regressão logística como a primeira opção para modelar dados categóricos. A regressão logística pode ser vista como a versão do clássico modelo de regressão para variáveis binárias. Muitos autores a descrevem como um método não paramétrico, ou de distribuição livre, por não se apoiar em suposições sobre a distribuição de probabilidade da variável resposta Y. De fato, para descrever o componente aleatório, substituímos a distribuição normal pela distribuição binomial, a escolha natural para variáveis binárias.

3.1 Regressão logística e interpretação dos parâmetros

A regressão logística descreve a probabilidade de um evento em função de uma ou mais variáveis explicativas, também chamadas de *regressores* ou *variáveis preditivas*. Isso torna o modelo de regressão logística aplicável em vários contextos, bastando converter os resultados de qualquer experiência aleatória em um conjunto binário. Na área de aprendizado de máquina, a regressão logística é um dos algoritmos utilizados para problemas de classificação supervisionada. Não é difícil criar exemplos hipotéticos para esse modelo considerando que variáveis de diferentes naturezas podem ser dicotomizadas. Seguem alguns exemplos de aplicação de modelos de regressão logística.

Exemplificando

1) Desejamos descrever a associação entre obesidade (índice de massa corpórea – IMC – acima de 30) e fatores de risco. A variável dependente Y é binária, obtida a partir da dicotomização do IMC, e as variáveis preditoras são aquelas que potencialmente alteram a probabilidade de $Y = 1$ (IMC > 30), tais como idade (X_1), consumo de refrigerantes (X_2) e renda familiar (X_3).

2) Uma empresa de crédito deseja traçar o perfil de clientes que se tornam inadimplentes. Nesse caso, a variável dependente é binária $Y = 1$ se o cliente tem registro em um sistema de proteção ao crédito, e $Y = 0$ caso contrário. Nesse tipo de análise, é comum utilizar como variáveis preditoras: nível de escolaridade (X_1), indicador de contra-cheque (X_2), valor de bens imóveis (X_3) e saldo em conta corrente (X_4).

3) Uma rede hoteleira tem a intenção de antecipar-se às decisões dos clientes que cancelam a reserva no *site* especializado. Caso consiga estimar a probabilidade de cancelamento da reserva de forma acurada, o hotel pode mais rapidamente realizar ações para a ocupação imediata do quarto. Uma base de dados contendo a variável binária que assume valores $Y = 1$ caso a reserva tenha sido cancelada, e $Y = 0$ para reservas que tenham sido efetivadas, entre outras informações dos clientes, podem auxiliar as decisões do hotel. Entre os fatores que influenciam a decisão do cliente, estariam facilmente: número de reservas efetivadas anteriormente (X_1) e tipo de depósito efetuado para a reserva ($X_2 \in$ {reembolsável, não reembolsável}).

Esses exemplos são similares aos problemas de regressão cujo objetivo é encontrar a função que melhor mapeia Y, ou seu valor esperado E[Y] em uma combinação de valores de X. Porém, a natureza da variável resposta Y nos três exemplos demanda que a função mapeadora $f\left(X_1, X_2, ..., X_p\right)$ assuma seus valores no intervalo [0, 1] em vez do conjunto de números reais.

Nesta seção, vamos introduzir o modelo mais simples de regressão logística, aquele que tem apenas uma variável preditora X – chamaremos esse modelo de *regressão logística simples*. Ao final deste capítulo, discutiremos a extensão para um conjunto de múltiplas variáveis preditoras.

3.1.1 Função logística

Considere uma variável aleatória binária $Y \in \{0,1\}$ que, ao assumir o valor 1, traduz numericamente a ocorrência de um evento de interesse, por exemplo, a vitória de um time de futebol, a ocorrência de fraude em uma transação bancária ou a detecção de uma doença por um teste diagnóstico. Essa variável tem distribuição binomial com parâmetros $n = 1$ e $\pi \in (0, 1)$, ou seja, uma realização de um experimento de Bernoulli cujos valores esperado e variância são, respectivamente, $E(Y) = \pi$ e $Var(Y) = \pi(1 - \pi)$. Para realizar o mapeamento entre Y e X, a regressão logística utiliza a função logística, também conhecida como *sigmoide*. Essa função descreve o valor esperado condicional $\pi(x) = E(Y \mid X = x)$, conforme a equação a seguir.

Equação 3.1

$$\pi(x) = \frac{e^{\beta_0 + \beta_1 x}}{1 + e^{\beta_0 + \beta_1 x}}$$

A função logística é bastante utilizada na área de aprendizado de máquina, especialmente em redes neurais artificiais. Essa função mapeia uma variável quantitativa X no intervalo (0, 1), o que a torna bastante conveniente para estudos probabilísticos. Em nosso contexto, a função logística descreve a probabilidade de ocorrência do evento de interesse em função dos valores da variável explicativa X.

Gráfico 3.1 – Função sigmoide quando $\beta_0 = 0$ e $\beta_1 = 1$

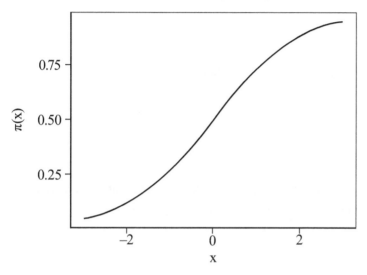

O Gráfico 3.1 mostra o comportamento da função sigmoide quando $\beta_0 = 0$ e $\beta_1 = 1$. Nesse caso, a probabilidade $\pi(x)$ da ocorrência do evento de interesse aumenta conforme o aumento nos valores de X. O parâmetro β_1 controla a suavidade da função, ou seja, o quão rápido é a mudança na probabilidade em função de variações na variável explicativa. No caso particular em que $\beta_1 = 0$, a função torna-se constante.

3.1.2 Modelo logito

A transformação inversa da função sigmoide permite escrever o logaritmo da razão entre as probabilidades de ocorrência e não ocorrência do evento de interesse como uma função linear de X, conforme equação a seguir.

Equação 3.2

$$\text{logito}\big(\pi(x)\big) = \log\left[\frac{\pi(x)}{1 - \pi(x)}\right] = \beta_0 + \beta_1 x$$

Essa representação, conhecida como *logito*, ou *log-chances*, torna a regressão logística semelhante ao modelo de regressão linear simples.

Conforme a Equação 3.2, o logaritmo das chances de ocorrência do evento de interesse é uma função linear da variável x. Note que $\text{logito}\big(\pi(x)\big) \in (-\infty, +\infty)$. No Capítulo 4, veremos que a função logito é uma das alternativas para ligar a probabilidade de uma variável binomial ao conjunto de variáveis explicativas e, por isso, é classificada como uma função de ligação.

3.1.3 Razão de chances (*odds ratio*)

Considere a exponenciação aplicada aos dois lados da Equação 3.2:

Equação 3.3

$$\frac{\pi(x)}{1 - \pi(x)} = e^{\beta_0 + \beta_1 x}$$

Dessa forma, a Equação 3.3 representa as chances de ocorrência do evento de interesse em função do valor x da variável explicativa. A razão entre as chances de ocorrência do evento de interesse quando a variável explicativa assume respectivamente os valores x e $x - 1$ é dada por:

Equação 3.4

$$OR = \frac{\pi(x)}{1 - \pi(x)} \Big/ \frac{\pi(x - 1)}{1 - \pi(x - 1)} = \frac{e^{\beta_0 + \beta_1 x}}{e^{\beta_0 + \beta_1(x-1)}}$$

O desenvolvimento algébrico do lado direito da Equação 3.4 nos presenteia com uma das quantidades mais utilizadas na regressão logística:

Equação 3.5

$$OR = \frac{\pi(x)}{1 - \pi(x)} \Big/ \frac{\pi(x - 1)}{1 - \pi(x - 1)} = e^{\beta_1}$$

Esta é a razão de chances (OR). Trata-se de uma medida relativa da chance de ocorrência do evento de interesse ao incrementar uma unidade na variável x.

Exercício resolvido

1) Considere um caso em que se deseja estimar a probabilidade de vitória de um time de futebol, digamos o Manchester United, e há a informação de que a presença de Cristiano Ronaldo, jogador da equipe, aumenta a probabilidade de vitória de 60% para 90%. Vamos enquadrar essa situação como o resultado da aplicação do modelo de regressão logística no qual $Y = 1$ é a ocorrência de vitória do Manchester United e a probabilidade desse evento está relacionada com a variável indicadora X, que assume o valor $X = 1$ quando Cristiano Ronaldo atua e $X = 0$, caso contrário. Suponha que, após uso do modelo descrito na Equação 3.1 para uma amostra de jogos do Manchester United, chega-se às estimativas anteriormente enunciadas, ou seja, $\pi(1) = 0,9$ e $\pi(0) = 0,6$. Ao aplicar a Equação 3.5, conclui-se que:

$$e^{\beta_1} = \frac{0,9}{1-0,9} \Big/ \frac{0,6}{1-0,6} = 6$$

Ou seja, a chance de vitória com a presença de Cristiano Ronaldo é 6 vezes maior do que a chance de vitória sem a presença dele. Em outras palavras, a razão de chances (OR) é igual a 6. Sabendo que a regressão logística foi utilizada para se chegar a esse resultado, podemos facilmente inferir que os parâmetros estimados são: $\beta_0 = \beta_1 = \log(6) = 1,79$.

Neste exemplo, os dados não estão explícitos e, portanto, não é possível acessar a incerteza em torno desse valor.

3.1.4 Curva logística de dois parâmetros

Considere uma reparametrização da função sigmoide descrita na Equação 3.1 tal que $\gamma = \beta_1$ e $c = -(\beta_0 / \beta_1)$. Nessa nova representação (Equação 3.6), colocamos o enfoque em duas propriedades dessa função: suavidade e locação, respectivamente. Entre as várias áreas que adotam essa formulação, estão a **teoria de resposta ao item** e os **experimentos do tipo dose-resposta**. Nesse último contexto, a função sigmoide é conhecida como *curva logística de dois parâmetros*. Caso haja interesse do leitor nesta literatura, é possível encontrar curvas logísticas com 3 ou mais parâmetros.

Equação 3.6

$$\pi(x) = \frac{1}{1 + e^{-\gamma(x-c)}}$$

Na Equação 3.6, c é um valor tal que $\pi(c) = 0,5$. Também c é o ponto de inflexão da curva sigmoide no qual há uma desaceleração no aumento das probabilidades de ocorrência do evento de interesse. O conhecimento desse parâmetro é fundamental quando a regressão logística é utilizada como um classificador ou ferramenta de diagnóstico, pois define um valor limiar da variável X a partir do qual as probabilidades de ocorrência do evento de interesse se tornam mais favoráveis. O parâmetro γ (β_1) na representação canônica é frequentemente utilizado para quantificar o nível discriminante de um item, como em uma questão de múltipla escolha de uma prova de concurso público ou um questionário que aborda dimensões relacionadas à qualidade de vida.

3.2 Inferências por regressão logística

Ao coletar uma amostra de tamanho n, $(x, y) = (x_1, y_1), (x_2, y_2), \ldots, (x_n, y_n)$, os parâmetros β_0 e β_1 do modelo de regressão logística simples podem ser estimados pela maximização da função de verossimilhança. Entretanto, ao contrário do modelo de regressão linear normal, não há forma fechada para os estimadores de máxima verossimilhança, sendo as estimativas obtidas por métodos numéricos. Nessa abordagem, procuramos os valores de β_0 e β_1 mais verossímeis para determinada amostra, o que matematicamente significa maximizar a função de verossimilhança (Equação 3.7) da distribuição binomial, a componente aleatória do modelo.

Equação 3.7

$$L\left(\pi(x_i); y_i, x_i\right) = \prod_{i=1}^{n} \left[\pi(x_i)\right]^{y_i} \left[1 - \pi(x_i)\right]^{1-y_i}$$

Na Equação 3.7, a substituição de $\pi(x_i)$ pela função logística (Equação 3.1) torna explícito o fato de que a verossimilhança é função dos parâmetros β_0 e β_1, conforme a descrito na Equação 3.8.

Equação 3.8

$$L\left(\beta_0, \beta_1; y_i, x_i\right) = \prod_{i=1}^{n} \left[\frac{e^{\beta_0 + \beta_1 x}}{1 + e^{\beta_0 + \beta_1 x_i}}\right]^{y_i} \left[\frac{1}{1 + e^{\beta_0 + \beta_1 x_i}}\right]^{1-y_i}$$

É computacionalmente mais vantajoso encontrar os valores de β_0 e β_1 que maximizam a função de log-verossimilhança $l(\beta_0, \beta_1; x, y) = \log\left[L(\beta_0, \beta_1; x, y)\right]$, e esse procedimento é equivalente ao da maximização da verossimilhança

$$l(\beta_0, \beta_1; x, y) = \sum_{i=1}^{n} \left\{ y_i \times (\beta_0 + \beta_1 x_i) - \log\left(1 + e^{(\beta_0 + \beta_1 x_i)}\right) \right\}$$

Para encontrar as estimativas de máxima verossimilhança, devemos encontrar a solução das equações:

Equação 3.9

$$\frac{\partial l(\beta_0, \beta_1; x, y)}{\partial \beta_0} = \sum_{i=1}^{n} \left[y_i - \pi(x_i) \right] = 0$$

Equação 3.10

$$\frac{\partial l(\beta_0, \beta_1; x, y)}{\partial \beta_1} = \sum_{i=1}^{n} x_i \left[y_i - \pi(x_i) \right] = 0$$

O sistema composto pelas Equações 3.9 e 3.10 contém funções não lineares dos parâmetros β_0 e β_1, e isso exige métodos não analíticos para sua solução. Em McCullagh e Nelder (1989), podemos encontrar uma proposta para solucionar o sistema de equações com a utilização do algoritmo de Newton Raphson. As estimativas de máxima verossimilhança são encontradas de maneira iterativa, utilizando a matriz hessiana H, o vetor gradiente da função de verossimilhança.

Equação 3.11

$$\beta^{(t+1)} = \beta^{(t)} - H^{-1} \nabla l_\beta$$

A aplicação do método de Newton Raphson para encontrar as estimativas de máxima verossimilhança ficou conhecida como *método iterativo de escore de Fisher*.

3.2.1 Matriz de variância-covariância

Os estimadores de máxima verossimilhança sob determinadas condições têm distribuição assintoticamente normal.

$$\hat{\beta} \approx \text{Normal}\left(\beta, V(\hat{\beta})\right)$$

O método iterativo escore de Fisher descrito na Equação 3.11 permite alcançar estimativas pontuais do intercepto e da inclinação do modelo de regressão logística univariada. Entretanto, para quantificar a incerteza ao redor dessas estimativas, é usual avaliar o erro padrão de cada uma delas.

Os erros padrão podem ser obtidos por meio da matriz de variância-covariância dos estimadores de máxima verossimilhança.

O que é

O *estimador* é uma variável aleatória, pois assume diferentes valores em diferentes amostragens, logo, a sua distribuição de probabilidade pode ser caracterizada.

Os estimadores de máxima verossimilhança, sob algumas condições de regularidade, têm distribuição assintoticamente normal. Assim, utilizamos o seguinte resultado: para encontrar intervalos de confiança para as estimativas obtidas com $\hat{\beta}$, devemos obter a diagonal da matriz de variância-covariância $V(\hat{\beta})$.

3.3 Regressão logística com preditores categóricos

O modelo de regressão linear normal, quando aplicado para descrever a relação entre uma variável contínua (Y) e uma variável categórica (X) que pertence a um conjunto de k categorias $C_1, C_2, ..., C_k$, é chamado de *ANOVA*. A variável X é transformada em um conjunto de $k - 1$ variáveis indicadoras, e o intercepto β_0 quantifica o efeito da categoria que foi excluída desse conjunto, também chamado de *nível de referência*. Ao trabalhar com o modelo de regressão logística, a mesma lógica será aplicada.

Equação 3.12

$$\text{logit}\left[\pi(x_i)\right] = \beta_0 + \beta_1 I(x_i \in C_1) + \beta_2 I(x_i \in C_2) + ... \beta_{k-1} I(x_i \in C_{k-1})$$

Na Equação 3.12, $I(x_i \in C_j)$ é igual a 1 se x_i pertence à categoria C_j, e igual a 0, caso contrário. Essa representação produz uma particular intepretação dos efeitos produzidos por cada uma das k categorias na função logito e, consequentemente, na razão de chances. O intercepto β_0 é o valor do logito quando a observação pertence à categoria de referência k, e e^{β_0} representa a chance de ocorrência do evento de interesse. A soma $\beta_0 + \beta_i$ quantifica o logito quando a variável pertencer a categoria i.

Nessa configuração, e^{β_i} é a razão entre a chance de ocorrência do evento condicional à categoria i e a chance de ocorrência do evento condicional à categoria de referência k.

3.4 Extensão do modelo de regressão logística

Abordamos aqui duas extensões do modelo de regressão logística. A primeira diz respeito ao número de variáveis. Tal como ocorre com o modelo normal de regressão, podemos incluir múltiplas variáveis explicativas no modelo de regressão logística. A segunda extensão do modelo de regressão logística considera variáveis independentes com mais de 2 categorias, ou seja, provenientes da distribuição multinomial $Y \in \{1, 2, ..., C\}$.

3.4.1 Regressão logística múltipla

O modelo de regressão logística múltipla é escrito como:

Equação 3.13

$$\log\left(\frac{\pi(x_1, x_2, \ldots, x_p)}{1 - \pi(x_1, x_2, \ldots, x_p)}\right) = \beta_0 + \sum_{i=1}^{p} \beta_k x_p$$

Tal como na regressão normal, assumimos que $X_1, X_2, \ldots, X_p$ são fixos, ou variáveis aleatórias independentes. O vetor a ser estimado agora tem $k + 1$ parâmetros.

3.4.2 Regressão logística politômica

O modelo probabilístico multinomial é extensão do modelo binomial para variáveis que apresentam mais de duas categorias. A variável multinomial assume valores em um conjunto discreto, ou seja, $X \in \{C_1, C_2, \ldots, C_k\}$, $k \geq 3$.

Para entender o modelo de regressão logística para variáveis multinomiais, vamos considerar uma variável dependente Y que assume valores no conjunto $\{0, 1, 2\}$. A função logito descreve a chance de $Y = 1$ em relação a $Y = 0$ como uma função da variável explicativa x, ou seja:

Equação 3.14

$$\log\left(\frac{P(Y = 1)}{P(Y = 0)}\right) = g_1(x)$$

Essa mesma ideia pode ser estendida para $Y = 2$ e, consequentemente, temos:

Equação 3.15

$$\log\left[\frac{P(Y = 2)}{P(Y = 0)}\right] = g_2(x)$$

Considerando o modelo de regressão simples, com apenas uma variável preditora, as funções de $g_i(x) = \beta_{i0} + \beta_{i1}$.

A partir das duas equações, considerando que $\sum_{i=0}^{2} P(Y = i \mid X = x) = 1$, deduzimos as probabilidades condicionais para cada possível desfecho de um experimento aleatório multinomial com três categorias.

$$P(Y = 0 \mid X = x) = \frac{1}{1 + e^{g1(x)} + e^{g2(x)}}$$

$$P(Y = 1 \mid X = x) = \frac{e^{g1(x)}}{1 + e^{g1(x)} + e^{g2(x)}}$$

$$P\bigl(Y = 2 \mid X = x\bigr) = \frac{e^{g2(x)}}{1 + e^{g1(x)} + e^{g2(x)}}$$

Dessa forma, podemos descrever a probabilidade condicional de cada uma das categorias de Y ao ajustar dois modelos de regressão logística binária.

3.5 Aplicações do modelo de regressão logística

O modelo de regressão logística é aplicado à modelagem de variáveis dependentes de natureza binária, sendo a principal alternativa para o uso de regressão em dados categorizados. A utilização desses modelos tornou-se frequente em importantes áreas do conhecimento e hoje é ferramenta indispensável na análise de dados. Na sequência, veremos algumas das mais importantes aplicações desse modelo.

3.5.1 Relações dose-resposta

A fase inicial dos ensaios clínicos que investigam medicamentos tem como objetivo identificar a máxima dose tolerada por um sujeito. Essa dose é usualmente definida como aquela cuja proporção de indivíduos afetados por efeitos tóxicos predefinidos seja no máximo 1/3. Nesses experimentos, grupos de indivíduos são alocados para receber diferentes doses do medicamento, e o interesse está na ocorrência de um evento adverso. A regressão logística é aplicada para descrever a probabilidade de ocorrência de toxicidade em função da dose.

Gráfico 3.2 – Utilização da função logística na identificação da máxima dose tolerada (MDT) por indivíduos que participam de um experimento dose-resposta.

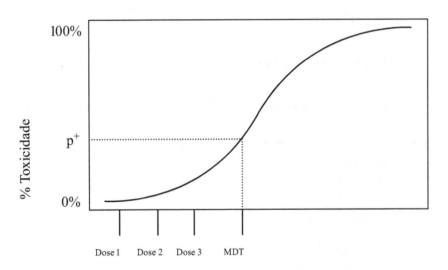

3.5.2 Redes neurais artificiais

O objetivo das redes neurais artificiais é reproduzir mecanismos utilizados pelo cérebro humano quando este processa um conjunto de observações. O cérebro tem uma capacidade admirável de realizar processamento paralelo. Para reconhecer a face de uma pessoa, por exemplo, diversas variáveis são processadas em uma velocidade impressionante: a cor do cabelo, dos olhos, o tamanho do nariz, a sobrancelha, o formato da boca etc.

O que é

Redes neurais artificiais são como modelos estatísticos bioinspirados que usam combinações de regressões logísticas para uma tomada de decisão.

A figura a seguir apresenta um diagrama que ilustra um modelo de regressão logística com p = 2 regressores como um neurônio artificial.

Figura 3.1 – Representação do modelo de regressão logística como um neurônio artificial, um componente da arquitetura de redes neurais artificiais

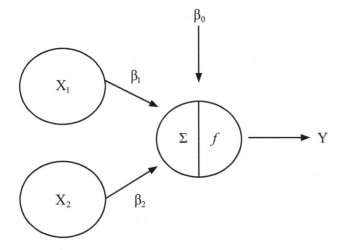

3.5.3 Epidemiologia

A regressão logística é amplamente aplicada em epidemiologia para o cálculo de razão de chances (*odds ratio*) ajustadas para um conjunto de covariáveis. O objetivo principal é estimar o aumento nas chances de uma doença em função de uma exposição. Entretanto, outros fatores também colaboram nessas chances, como a demografia dos pacientes (idade, sexo, raça etc.). Podemos citar como exemplo o impacto do cigarro na ocorrência de câncer de pulmão. Embora a ligação entre esses eventos seja conhecida, a idade e os hábitos alimentares também colaboram para o risco da doença. O modelo de regressão logística múltipla é utilizado para estimar os coeficientes e, por meio da exponenciação, são obtidas as razões de chance, controlando o efeito de outras variáveis de confusão.

3.5.4 Análise de crédito

Atualmente, instituições financeiras constroem modelos para classificar os clientes em bons e maus pagadores. Os modelos consistem em utilizar bases de dados que dispõem da identificação de clientes que estejam registrados em serviços de proteção de crédito e inúmeras informações sobre estes. A regressão logística é uma ferramenta utilizada para estimar o chamado *índice de crédito* (*credit scoring*). Uma curiosidade sobre esses modelos é que, embora o número p de variáveis explicativas seja grande, o número de observações (n) é muito maior.

PARA SABER MAIS

Para o aprofundamento dos estudos em regressão logística, indicamos a obra de Gelman e Hill, Capítulo 5:

GELMAN, A.; HILL, J. **Data Analysis Using Regression and Multilevel/ Hierarchical Models**. Cambridge: Cambridge University Press, 2007.

A obra de Friendly e Meyer, nos capítulos de 7 a 10, apresenta o conteúdo de regressão logística com exemplos usando o programa R:

FRIENDLY, M.; MEYER, D. **Discrete Data Analysis with R**: Visualization and Modeling Techniques for Categorical and Count Data. Boca Raton, FL, EUA: CRC Press, 2016.

Também indicamos a leitura de um artigo mais recente cujo ponto central é o big data:

SUR, P.; CANDÈS, E. J. A Modern Maximum-Likelihood Theory for High-Dimensional Logistic Regression. **PNAS – Proceedings of the National Academy of Sciences of the United States of America**, v. 116, n. 29, p. 14516-14525, 2019. Disponível em: <https://www.pnas.org/doi/10.1073/pnas.1810420116>. Acesso em: 24 maio 2023.

As questões do capítulo foram baseadas em:

AGRESTI, A. **An Introduction to Categorical Data Analysis**. 3. ed. Florida: Wiley-Interscience, 2019.

FOX, J. **Applied Regression Analysis Generalized Linear Models**. 3. ed. Thousand Oaks, CA, EUA: Sage Publications, 2016.

Síntese

Apresentamos, neste capítulo, a regressão logística, que é a primeira opção para modelar dados categóricos. Descrevemos a função logística e o modelo logito, bem como a razão de chances aplicada na regressão logística, as inferências feitas por regressão logística e aplicações que podem ser feitas na prática. Esse é um modelo amplamente utilizado em pesquisa e discutido na literatura estatística.

Questões para revisão

1) Moritz e Satariano (1993) usaram regressão logística para prever se o estágio do câncer de mama no momento do diagnóstico era avançado ou local para uma amostra de 444 mulheres categorizadas como de meia-idade e idosas. Uma tabela referindo-se a um conjunto particular de fatores demográficos relatou a razão de chances estimada para o efeito do arranjo de vida (três categorias) como 2,02 para cônjuge *versus* sozinho e 1,71 para outros *versus* sozinho; relatou o efeito da renda (três categorias) como 0,72 para $10.000–24.999 *versus* < $10.000, e 0,41 para $ 25.000+ *versus* < $10.000. Estime as razões de chance para o terceiro par de categorias para cada fator.

2) Para os 23 voos do ônibus espacial antes do desastre da missão Challenger em 1986, a tabela a seguir mostra a temperatura em °F (graus Fahrenheit) no momento do voo e se ocorreu sofrimento térmico (TD: thermal distress) no aro primário, chamado *O-ring*, sendo 1 para *sim* e 0 para *não*. O desastre da missão Challenger ocorreu como consequência direta da falha de um *O-ring* no propulsor direito do foguete. Um *O-ring* é um dispositivo simples, usado para vedar partes do motor do foguete. Em baixas temperaturas, o *O-ring* usado no ônibus espacial em questão tornou-se quebradiço e deformado, o que permitiu que gases de alta temperatura escapassem e se inflamassem, explodindo o foguete 73 segundos após sua decolagem, em 28 de janeiro de 1986. Analise a tabela que segue e responda às questões subsequentes:

Tabela A – Dados de voo de nave espacial antes da missão Challenger em 1986

No Voo	Temperatura	TD	No Voo	Temperatura	TD
1	66	0	13	67	0
2	70	1	14	53	1
3	69	0	15	67	0
4	68	0	16	75	0
5	67	0	17	70	0
6	72	0	18	81	0
7	73	0	19	76	0
8	70	0	20	79	0
9	57	1	21	75	1
10	63	1	22	76	0
11	70	1	23	58	1
12	78	0			

Fonte: Elaborado com base em Agresti, 2019.

a. Use a regressão logística para modelar o efeito da temperatura na probabilidade de sofrimento térmico (TD) e interprete o efeito.

b. Estime a probabilidade de sofrimento térmico em 31 °F, a temperatura no momento do voo do Challenger.

c. A que temperatura a probabilidade estimada é igual a 0,50? A essa temperatura, dê uma aproximação linear para a mudança na probabilidade estimada por grau de aumento na temperatura.

d. Interprete o efeito da temperatura nas chances de problemas térmicos.

3) Hastie e Tibshirani (1990) descreveram um estudo para determinar os fatores de risco para cifose (flexão anterior severa da coluna) após cirurgia corretiva. A idade, em meses, no momento da operação, dos 18 indivíduos nos quais a cifose estava presente foram 12, 15, 42, 52, 59, 73, 82, 91, 96, 105, 114, 120, 121, 128, 130, 139, 139, 157 e dos 22 indivíduos nos quais a cifose estava ausente foram 1, 1, 2, 8, 11, 18, 22, 31, 37, 61, 72, 81, 97, 112, 118, 127, 131, 140, 151, 159, 177, 206.

a. Ajuste um modelo de regressão logística usando a idade como preditor da presença de cifose.

b. Elabore o gráfico dos dados e indique a diferença na dispersão da idade nos dois níveis de cifose.

c. Ajuste o modelo $\text{logit}\left[\pi(x)\right] = \beta_0 + \beta_1 x + \beta_2 x^2$.

4) Em um estudo desenhado para avaliar se um programa educacional aumenta a probabilidade de adolescentes sexualmente ativos adquirirem preservativos, os adolescentes foram distribuídos aleatoriamente em dois grupos experimentais. O programa educacional, que envolveu uma palestra e um vídeo sobre a transmissão do vírus HIV, foi oferecido a um grupo (grupo educado), mas não ao outro (não educado). Em modelos de regressão logística, os fatores observados para influenciar um adolescente a obter preservativos foram sexo ao nascer, nível socioeconômico, número de parceiros ao longo da vida e grupo experimental. A tabela a seguir resume os resultados do estudo.

Tabela B – Uso de camisinha

Variáveis	Razão de chances	Intervalo de confiança 95%
Grupo (educado vs. não educado)	4,04	(1,17; 13,9)
Sexo ao nascer (fem vs. masc)	1,38	(1,23; 12,88)
Nível socioeconômico (alto vs. baixo)	5,82	(1,87; 18,28)
Parceiros ao longo da vida	3,22	(1,08; 11,31)

Fonte: Agresti, 2019, p. 118, tradução nossa.

    a. Interprete a razão de chances e o intervalo de confiança relacionado para o efeito do grupo.

    b. Encontre as estimativas de parâmetro para o modelo ajustado usando variáveis indicadoras (1, 0) para os três primeiros preditores. Com base no intervalo de confiança correspondente para o log da razão de chances, determine o erro-padrão para o efeito de grupo.

    c. Explique por que a estimativa de 1,38 para a razão de chances para sexo ou o intervalo de confiança correspondente está incorreta. Mostre que, se o intervalo relatado estiver correto, então 1,38 é, na verdade, o logaritmo da razão de chances, e a razão de chances estimada é igual a 3,98.

5) Para dados da Flórida em Y = alguém condenado por múltiplos assassinatos recebe a pena de morte (1 = sim, 0 = não), a equação de previsão é $\text{logito}\left(\hat{\pi}\right) = -2,06 + 0.87r - 2,40v$, em que r é a raça do réu e v é a raça das vítimas, sendo 1 = preto e 0 = branco. Com base na equação de previsão, analise as afirmativas a seguir e indique V para as verdadeiras e F para as falsas.

    ( ) A probabilidade estimada de pena de morte é menor quando o réu é branco e as vítimas são negras.

    ( ) Controlando pela raça das vítimas, as chances estimadas de pena de morte para réus brancos equivalem a 0,87 vezes as chances estimadas para réus negros.

Se, em vez disso, fizermos r = 1 para réus brancos e 0 para réus negros, o coeficiente estimado de d seria 1/0,87 = 1,15 em vez de 0,87.

( ) A falta de um termo de interação significa que a razão de chances estimada entre o resultado da pena de morte e a raça do réu é a mesma para cada categoria de raça das vítimas.

( ) O termo de interceptação –2,06 é a probabilidade estimada da pena de morte quando o réu e as vítimas eram brancos (ou seja, r = v = 0).

( ) Se houver 500 casos com réus e vítimas brancas, então a contagem ajustada do modelo (ou seja, a frequência esperada estimada) para o número de pessoas que recebem a pena de morte é igual a $500e^{-2,06} / \left(1 + e^{-2,06}\right)$.

Agora, assinale a alternativa que apresenta a sequência correta:

a. V, V, F, V, F.
b. F, V, F, V, V.
c. V, F, V, F, V.
d. V, V, V, F, V.

QUESTÕES PARA REFLEXÃO

1) Para o modelo $logito\left[\pi(x)\right] = \beta_0 + \beta x$, mostre que e^{β_0} é igual a chance de sucesso quando x = 0. Construa as chances de sucesso quando x = 1, x = 2 e x = 3. Use isso para fornecer uma interpretação de β.

2) Deduza as equações da estimativa de máxima verossimilhança para o modelo logito binomial. Mostre que esse modelo produz os mesmos coeficientes estimados que o modelo logito dicotômico (binário). Para tal, compare a probabilidade logarítmica do modelo binomial com a probabilidade logarítmica do modelo binário. Separando observações individuais que compartilham um conjunto comum de valores *x*, mostre que a probabilidade logarítmica anterior é igual à última, exceto para um fator constante. Essa constante é irrelevante porque não influencia o estimador de máxima verossimilhança e desaparece em testes de razão de verossimilhança.

CONTEÚDOS DO CAPÍTULO:

- Estrutura do modelo linear generalizado (GLM).
- Função de verossimilhança e log-verossimilhança para modelos GLM.
- Estimação dos parâmetros para o modelo GLM.
- Métodos de inferência do modelo.
- Função desvio (*deviance*).
- GLM para dados binários e de contagem.

APÓS O ESTUDO DESTE CAPÍTULO, VOCÊ SERÁ CAPAZ DE:

1. compreender a estrutura de modelos GLM e as metodologias de estimação de parâmetros do modelo;
2. recordar a estrutura de modelos de regressão linear e de regressão logística;
3. aprimorar o conhecimento referente a modelos estatísticos;
4. reconhecer e comparar modelos GLM e os respectivos parâmetros.

4

Modelos lineares generalizados (GLM)

Abordaremos, neste capítulo, os modelos lineares generalizados. A classe de modelo linear generalizado (GLM) foi introduzida por Nelder e Wedderburn (1972) com objetivo de generalizar os modelos de regressão por mínimos quadrados comuns. Um modelo linear é normalmente analisado por uma técnica de mínimos quadrados, que assume um componente de erro; contudo, um modelo linear que visa associar uma variável resposta a uma variável explicativa alia componentes sistemáticos e aleatórios (erros ou resíduos). Os modelos GLM são modelos regressivos e consistem em três componentes para modelar a análise, quais sejam, o componente sistemático, o componente aleatório e uma função de ligação. As técnicas de GLM para análise quando a distribuição não é normal foram aprimoradas e são bem estabelecidas nos dias de hoje (Agresti, 2013).

4.1. Estrutura do modelo linear generalizado

Os modelos lineares generalizados são conhecidos pela sigla GLM em razão de sua nomenclatura em inglês: *generalized linear model* – nomenclatura ampla que inclui modelos simples, como a regressão linear simples e análise de variância. Contudo, aqui, apresentaremos os modelos para variáveis de resposta categórica e outras discretas – GLM para respostas categóricas incluem modelos de regressão logística e GLM para variável resposta discreta envolvem modelos cujo resultado é uma contagem. Citamos a seguir alguns exemplos.

Exemplificando

1) Para analisar o número de besouros expostos a diferentes doses de um pesticida, chamado *dissulfeto de carbono*, Bliss (1935) estudou 8 grupos diferentes de besouros (Tribolium confusu) expostos ao dissulfeto de carbono (CS_2) durante um período de 5 horas. O GLM binomial analisa o número de besouros mortos, que é considerado o total de sucessos para o fabricante, do número testado, sendo este o denominador binomial, em função da dose de inseticida (a concentração de CS_2 mg/l). Este é um exemplo de modelo GLM binomial. Para este exemplo, o modelo GLM para as

contagens binomiais seria quando se analisa o número de cada lote de besouros mortos levando em consideração o tamanho de cada grupo de besouros. O denominador binomial é soma do número de besouros mortos e vivos.

2) Para analisar o número de publicações por estudantes de doutorado em bioquímica nos últimos 3 anos de estudo, com variáveis preditoras sexo ao nascer, número de filhos e número de publicações pelo estudante mentor, a variável resposta é o número de publicações dos estudantes de doutorado em bioquímica em um período de tempo, nos últimos 3 anos, sendo esse número uma contagem. As variáveis dependentes ou preditoras são também categóricas, sendo sexo ao nascer uma variável dicotômica, número de filhos uma contagem e publicações pelo estudante mentor também uma resposta de contagem. O modelo é de contagem com três variáveis dependentes.

Para apresentar a estrutura dos GLM, iniciaremos mostrando a forma mais simples de notação utilizada comumente na literatura estatística. Considere os dados para o modelo sendo composto por n respostas independentes para y_i variável resposta, conforme notação apresentada na tabela a seguir.

Tabela 4.1 – Dados para estrutura do modelo linear generalizado (GLM)

x_1	x_2	...	x_k	y
x_{11}	x_{12}	...	x_{1k}	y_1
x_{21}	x_{22}	...	x_{2k}	y_2
.	.	...	.	.
.	.	...	.	.
.	.	...	.	.
x_{n1}	x_{n2}	...	x_{nk}	y_n

Legenda: $(y_1, y_2, ..., y_n)$ correspondem às variáveis respostas com médias $(\mu_1, \mu_2, ..., \mu_n)$.

Os componentes do modelo serão apresentados nas seções a seguir.

4.1.1 Componente aleatório

O componente aleatório especifica uma distribuição de probabilidade para a variável resposta Y, por exemplo, uma distribuição normal para o modelo de regressão clássico, ou distribuição binomial para no modelo de regressão logística binária. O modelo não tem um termo de erro separado, como ocorre com o modelo de regressão linear. Sendo as observações da variável resposta Y denotadas como $(Y_1, ..., Y_2)$, o modelo trata cada observação como independente.

4.1.2 Componente sistemático

O componente sistemático especifica a variável explicativa X, que entra como um preditor de modo linear na equação do modelo, similarmente ao modelo de regressão linear. As variáveis especificadas são denotadas como $(x_1, ..., x_p)$, e sua combinação linear é chamada de *preditor linear*, podendo ser denotado por $\eta = X\beta$ ou:

Equação 4.1

$$\eta_i = \beta_0 + \beta_1 x_1 + \beta_2 x_2 + ... + \beta_i x_p$$

Os modelos lineares generalizados denotam a variável resposta com letra minúscula como forma de enfatizar que os valores de *x* são considerados fixos, e não uma variável aleatória.

4.1.3 Função de ligação

A função de ligação $g(\mu)$, ou função *link* em sua especificação em inglês, é denominada assim por conectar os componentes aleatório e sistemático. O valor esperado de Y é a média da distribuição de probabilidade, denotado por $\mu = E(Y)$, e a função de ligação especifica uma função $g(\cdot)$ que relaciona a esperança μ ao preditor linear por meio de:

Equação 4.2

$$g(\mu) = \beta_0 + \beta_1 x_1 + \beta_2 x_2 + ... + \beta_i x_p$$

A função de ligação determina o modelo e tem alguns tipos específicos. A mais simples é a chamada *ligação de identidade*, que modela a média, $g(\mu) = \mu$, especificando um modelo linear para a resposta média:

Equação 4.3

$$\mu = \beta_0 + \beta_1 x_1 + \beta_2 x_2 + ... + \beta_i x_p$$

A função de ligação $g(\mu) = \log(\mu)$ modela o logaritmo da média, ou seja, permite que a média seja relacionada de modo não linear com os preditores e se aplica a valores positivos. Sua forma é dada por:

Equação 4.4

$$\log(\mu) = \alpha + \beta_1 x_1 + ... + \beta_i x_p$$

A função de ligação é inversível, sendo possível voltar para a função média $g^{-1}(\eta_i) = \mu_i$.

Dados de contagens servem bem a essa função, já que ela não aceita médias negativas. Quando a função de ligação é logarítmica, o modelo é chamado de *log-linear*. Já quando a função modela o logaritmo de uma chance, sendo $g(\mu) = \log\left[\mu / (1-\mu)\right]$, é chamada de *função logito*.

Como a distribuição de probabilidade de Y é em função da média, esta é chamada de *parâmetro natural*; no caso da distribuição normal, é a própria média, mas, quando se trata de um binômio, o parâmetro natural vai ser o logito da probabilidade de sucesso. Na prática, o mais comum é utilizar as funções chamadas de *ligações canônicas*, que utilizam como parâmetro natural o $g(\mu)$.

Ao visualizar o modelo GLM, logo notamos sua semelhança com o modelo de regressão linear, uma vez que esse modelo busca generalizar o modelo regressivo de modo flexível, permitindo variáveis resposta com modelos de distribuições de erro diferentes do modelo assumido de distribuição normal.

Os modelos regressivos que assumem uma distribuição normal para a variável resposta Y, contínua, que modelam a média através de uma função de ligação identidade $g(\mu) = \mu$, são um caso especial de GLM. O modelo GLM generaliza o modelo de regressão linear permitindo que Y tenha uma distribuição diferente da normal e modelando alguma função da média. A teoria do GLM contribuiu para que possam ser utilizados métodos de respostas normais sem a necessidade de transformação dos dados, já que utiliza métodos de máxima verossimilhança para escolher o componente aleatório, sem restrição de normalidade na escolha. A escolha da função de ligação é independente da escolha do componente aleatório, não obedecendo à restrição de normalidade ou estabilidade de variância. Os modelos GLM englobam métodos de regressão e análise de variância. Como o interesse é pelo estudo de variáveis categóricas, consideramos os modelos GLM com uma variável resposta discreta, quais sejam, modelos de regressão logística para dados binários e log lineares para dados de contagem. A tabela a seguir apresenta um resumo com as principais funções de ligação utilizadas em GLM.

Tabela 4.2 – Resumo das funções de ligação mais utilizadas

Nome	Função $\eta = g(\mu)$	Função inversa $\mu = g^{-1}(\eta)$
Identidade	μ	η
Log	$\log(\mu)$	$\exp(\eta)$
Inversa ou recíproca	$1/\mu$	η^{-1}
Logito ou logística	$\ln\left(\dfrac{\mu}{1-\mu}\right)$	$1\Big/1 + \exp(-\eta)$
Probito	$\Phi^{-1}(\mu)$	$\Phi(\eta)$

4.2 Função de verossimilhança e log-verossimilhança para o GLM

O GLM permite uma única formulação para a estimação por máxima verossimilhança dos parâmetros e inferência sobre os modelos. A estimação por mínimos quadrados é substituída pelos mínimos quadrados ponderados, e a análise de variância, pela análise de *deviance*, que será abordada na Seção 4.5. Os modelos lineares generalizados foram desenvolvidos para casos em que a variável resposta pode ser representada por alguma distribuição da família exponencial, que é de importância na função de verossimilhança e aplicação no algoritmo de estimação de parâmetros.

Considere a densidade f(y; θ; φ), definida por:

Equação 4.5

$$f(y; \theta; \phi) = \exp\left\{ \frac{y\theta - b(\theta)}{a(\phi)} + c(y, \phi) \right\}$$

Em que:

- θ é o parâmetro natural, ou de localização;
- φ é o parâmetro equivalente à variância em um modelo de distribuição normal; quando é conhecido, é o único parâmetro da família exponencial.

Em condições normais de regularidade da família exponencial, é possível chegar à formulação para a média e a variância de Y, conforme segue:

$$E(y) = \mu = b'(\theta)$$
$$V(y) = b''(\theta)a(\phi)$$

A verossimilhança logarítmica, ou log-verossimilhança, para uma única observação denotada por y_i é dada por:

Equação 4.6

$$l_i = l(y_i; \theta_i; \phi) = \log\left[f(y_i; \theta_i; \phi) \right] = \frac{y_i\theta_i - b(\theta_i)}{a(\phi)} + c(y_i, \phi)$$

É necessário, agora, obter equações gerais para as expressões de verossimilhança e distribuições assintóticas que estimam os parâmetros do modelo. A log verossimilhança para *n* observações é dada por:

Equação 4.7

$$L(\beta) = \sum_{i=1}^{n} \log\left[f(y_i; \theta; \phi)\right] = \sum_{i=1}^{n} \frac{y_i\theta_i - b(\theta_i)}{a(\phi)} + \sum_{i=1}^{n} c(y_i, \phi)$$

A notação da equação reflete a dependência do parâmetro θ no modelo de parâmetros β. Para uma função *link g* e um GLM $\eta_i = \sum_j \beta_j x_{ij} = g(\mu_i)$, a equação de verossimilhança é dada por:

Equação 4.8

$$\frac{dL(\beta)}{d\beta_j} = \sum_{i=1}^{n} dL_i / d\beta_j = 0, \text{ para todo } j$$

Depois de aplicar as regras diferenciais, apresentadas em Agresti (2015, p. 124), a equação de verossimilhança para o GLM para a função *link* $g(\mu_i)$ é dada por:

Equação 4.9

$$\frac{dL(\beta)}{d\beta_j} = \sum_{i=1}^{n} \frac{(y_i - \mu_i)x_{ij}}{\text{var}(y_i)} \frac{d\mu_i}{d\eta_i} = 0, \ j = 1, 2, ..., p, \text{ em que: } \eta_i = g(\mu_i)$$

Em se tratando da distribuição de Poisson, o modelo log linear é dado por:

Equação 4.10

$$\log(\mu_i) = \sum_{j=1}^{p} \beta_j x_{ij}$$

Sendo a função de ligação dada por $\eta_i = \log(\mu_i)$, e $\mu_i = \exp(\eta_i)$, $\text{var}(y_i) = \mu_i$, a equação de verossimilhança é dada por:

Equação 4.11

$$\sum_{i=1}^{n} (y_i - \mu_i)x_{ij} = 0, \ j = 1, 2, ..., p$$

Os passos diferenciais e as provas matemáticas que permitem chegar às conclusões para as equações de verossimilhança e log verossimilhança dos GLM podem ser analisados nas referências em Agresti (2015, Capítulo 4) e Atkinson e Riani (2000, Capítulo 6).

É conveniente escrever as equações de log-verossimilhança em uma forma equivalente considerando matrizes. Tendo em vista que as equações de log-verossimilhança são funções não lineares dos parâmetros β's, é necessário utilizar métodos iterativos para determinar suas estimativas. Uma forma equivalente é dada por:

Equação 4.12

$$X'DW^{-1}(y - \mu) = 0$$

Em que:

- y é o vetor de observações;
- μ é o vetor de médias;
- a matriz W corresponde à matriz diagonal de variâncias observadas;
- X é a matriz do modelo com expressões $\eta = X\beta$ para o GLM;
- D corresponde à matriz diagonal com entradas $d\mu_i / d\eta_i$.

Assintoticamente, é possível provar que (Agresti, 2015, p. 125-127):

Equação 4.13

$$\hat{\beta} \sim N(\beta, \xi^{-1})$$

Em que:

- ξ é a matriz de informação de Fisher com entradas $-E(d^2 l(\beta)) / d\beta_r d\beta_s$.

Utilizando as derivadas para chegar ao resultado da matriz de informação, ela pode ser dada por:

Equação 4.14

$$\xi = X'WX$$

Em que:

- W é a matriz diagonal com elementos $w_i = (d\mu_i / d\eta_i)^2 / var(y_i)$;
- X é a matriz do modelo;
- ξ depende da função de ligação.

Assim, a distribuição assintótica do estimador $\hat{\beta}$ pode ser escrita da seguinte forma:

Equação 4.15

$$\hat{\beta} = N(\beta, (X'WX)^{-1})$$

E a matriz de covariância assintótica é estimada por:

Equação 4.16

$$\widehat{var}(\hat{\beta}) = (X'WX)^{-1}$$

Em que a matriz diagonal W e a matriz de estimativas $\widehat{W}$ são avaliadas em $\hat{\beta}$.

4.3 Estimação dos parâmetros para o GLM

Os parâmetros β do GLM são estimados por máxima verossimilhança, contudo, as equações para encontrar $\hat{\beta}$ são não lineares. Portanto, são utilizados métodos iterativos para determinar o máximo da função de verossimilhança para o modelo.

4.3.1 Algoritmo Newton-Raphson

No caso do GLM, o método do algoritmo Newton-Raphson é utilizado para estimar os parâmetros desconhecidos do modelo.

O que é

O algoritmo de Newton-Raphson é um método iterativo utilizado para resolver equações não lineares.

O método inicia determinando uma aproximação inicial para a solução. Conforme Agresti (2015), o algoritmo obtém uma segunda aproximação, aproximando a função em uma vizinhança da aproximação inicial por meio de uma função polinomial de segundo grau, e, então, encontra a localização do valor máximo desse polinômio. O algoritmo vai repetindo os ciclos para gerar uma sequência de aproximações. Estes convergem para a localização do máximo quando a função é adequada e/ou a aproximação inicial é boa. Considere um processo iterativo t = 1, 2, ... Ainda, segundo explica Agresti (2015), matematicamente, o algoritmo determina o valor do parâmetro $\hat{\beta}$ maximizando a função L(β) da seguinte forma:

Equação 4.17

$$u = \left(\frac{dL(\beta)}{d\beta_1}, \frac{dL(\beta)}{d\beta_2}, ..., \frac{dL(\beta)}{d\beta_p} \right)^{T}$$

Denotemos a matriz Hessiana por *H*, tendo entradas $h_{ab} = d^2L(\beta) / d\beta_a d\beta_b$. Seja $u^{(t)}$ e $H^{(t)}$ a avaliação de *u* e H em $\beta^{(t)}$. Supondo que $\beta^{(t)}$ é o palpite inicial para $\hat{\beta}$, a expansão de Taylor que aproxima L(β) de $\beta^{(t)}$ pelos termos até a segunda ordem é dada por:

Equação 4.18

$$L(\beta) \approx L(\beta^T) + u^{(t)T}(\beta - \beta^{(t)}) + \frac{1}{2}(\beta - \beta^{(t)})^T H^T (\beta - \beta^{(t)})$$

Resolvendo a derivada com relação a β, temos a próxima aproximação:

Equação 4.19

$$\beta^{(t+1)} = \beta^{(t)} - (H^{(t)})^{-1} u^{(t)}$$

Assumindo que $H^{(t)}$ é não singular.

As aproximações sucessivas normalmente convergem rapidamente para as estimativas de máxima verossimilhança dentro de alguns ciclos. Cada ciclo no método de Newton-Raphson representa um tipo de ajuste de mínimos quadrados ponderados. Essa é uma generalização de mínimos quadrados ordinários que leva em conta a variância não constante de Y em GLM. Para mais detalhes sobre o passo a passo do funcionamento do algoritmo, sugerimos consultar Agresti (2013, p. 143-144).

4.3.2 Escore de Fisher

Outro método iterativo para resolver as equações de verossimilhança utilizado para estimar os parâmetros do GLM é o Escore de Fisher. A diferença entre os métodos ocorre na forma da matriz Hessiana. Ao passo que o Escore de Fisher usa a matriz Hessiana de valores esperados, chamada de *matriz de informação esperada*, o método de Newton-Raphson utiliza a própria matriz Hessiana, chamada de *matriz de informação observada*. A matriz de informação pode ser vista como a esperança (negativa) da matriz Hessiana. Os elementos da matriz Hessiana são $h_{ab} = d^2L(\beta) / d\beta_a d\beta_b$, e os elementos da matriz informação são $\xi_{ab} = -E[d^2L(\beta) / d\beta_a d\beta_b]$.

Seja $\xi^{(t)}$ a notação para a aproximação de *t* para o estimador de máxima verossimilhança da matriz de informação esperada, a fórmula para o Escore de Fisher é dada por:

Equação 4.20

$$\beta^{(t+1)} = \beta^{(t)} + (\xi^{(t)})^{-1} u^{(t)}$$

A matriz de informação é dada por $\xi = X^T W X$, em que W é diagonal com elementos $w_i = \left(d\mu_i / d\eta_i \right)^2 / var\left(y_i \right)$ e, dessa forma, $\xi^T = X^T W^{(t)} X$ avaliados sob $\beta^{(t)}$. Quando o modelo generalizado linear utiliza uma função canônica como função de ligação, a informação observada é a mesma da esperada (Agresti, 2015).

4.4 Métodos de inferência do modelo

Apresentamos três formas padrão de utilizar a função de verossimilhança para fazer inferências para um parâmetro genérico β com amostras grandes. A hipótese apresentada para estes é focada em H_0: $\beta = \beta_0$ *vs* H_1: $\beta \neq \beta_0$ (Agresti, 2015, p. 128). Essas inferências são utilizadas para testar a significância do parâmetro e estimar seu intervalo de confiança para qualquer GLM. Os testes se baseiam na condição de normalidade dos estimadores de máxima verossimilhança para grandes amostras (Agresti, 2002). Nas subseções 4.4.1 a 4.4.3, apresentamos os referidos testes.

4.4.1 Teste de Wald

O teste de Wald utiliza o erro-padrão estimado (SE) não nulo para a hipótese nula de H_0: $\beta = \beta_0$ para obter a estatística de teste:

Equação 4.21

$$z = \frac{\hat{\beta}_0 - \beta}{SE}$$

É chamada de *estatística de Wald* (Wald, 1943). Tem uma distribuição aproximadamente normal quando $\beta = \beta_0$ e z^2 tem uma distribuição aproximadamente qui-quadrada com um grau de liberdade. Para testar múltiplos parâmetros, a hipótese nula é dada por H_0: $\beta_0 \neq 0$, e a estatística de teste será:

Equação 4.22

$$W = \hat{\beta}_0^T \left[\widehat{var}\left(\hat{\beta}_0 \right) \right]^{-1} \hat{\beta}_0$$

Em que:

- $\hat{\beta}_0$ é a estimativa de máxima verossimilhança sem restrições para β_0;
- $\widehat{var}\left(\hat{\beta}_0 \right)$ estima parte da matriz de covariância de $\hat{\beta}$.

Na prática, os intervalos de confiança para os parâmetros são mais informativos do que o teste de hipóteses sobre eles. O intervalo de confiança resulta de uma inversão do teste, por exemplo, um intervalo de 95% de confiança para β é o conjunto de β_0 para o qual o teste H_0: $\beta = \beta_0$ tem um p-valor superior a 0,05.

Suponha o escore de uma distribuição normal com probabilidade α na cauda direita denotado por Z_α, sendo $100(1 - \alpha)$ o percentil dessa distribuição. O mesmo percentil para a distribuição qui-quadrado denotamos como $\chi^2_{gl}(\alpha)$. Os intervalos de confiança são baseados em uma normalidade assintótica, sendo utilizado $Z_{\alpha/2}$.

O intervalo de confiança de Wald para um conjunto β_0 é dado por $\hat\beta \pm Z_{\alpha/2}(SE)$.

Na prática, o intervalo de confiança de Wald é o mais utilizado em razão da facilidade de construí-lo usando estimativas de máxima verossimilhança e erros padrão calculados por *softwares* estatísticos. O intervalo de confiança baseado na razão de verossimilhança (Seção 4.4.2) já está sendo disponibilizado em *softwares* estatísticos, e é preferível utilizá-lo nos casos de dados categóricos de pequenas a moderadas amostras. Para a regressão de resposta normal, os três tipos de inferência aqui apresentadas devem necessariamente fornecer resultados idênticos.

4.4.2 Teste da razão de verossimilhança

O teste da razão de verossimilhança é dado pela estatística:

Equação 4.23

$$-2\log\left(\frac{l_0}{l_1}\right) = -2\left[\log(l_0) - \log(l_1)\right] = -2(L_0 - L_1)$$

Em que L_0 e L_1 denotam as funções de log-verossimilhança maximizadas.

Sob $H_0 = \beta = 0$, essa estatística de teste tem distribuição qui-quadrado com um grau de liberdade quando n tende a infinito. A razão $-2\log\left(\frac{l_0}{l_1}\right)$ tem uma distribuição limitada nula qui-quadrada quando $n \to \infty$, provado por Wilks (1938).

Esse teste também pode ser usado para múltiplos parâmetros. Assim como o teste de Wald, a hipótese nula passa a ser H_0: $\beta_0 \neq 0$. Então, l_1 é a função de verossimilhança calculada para β mais provável, e l_0 é a função de verossimilhança calculada para β_1 mais provável quando $\beta_0 = 0$. A razão $\Lambda = l_0 / l_1 \leq 1$, já que l_0 é o resultado da maximização de um valor de β restrito. Esse teste também se aplica à hipótese linear de que H_0: $\Lambda\beta = 0$, sendo esse modelo um caso especial do original em virtude das restrições do modelo linear.

4.4.3 Teste do multiplicador de Lagrange

Também chamado de *teste de pontuação de Rao*, avalia o valor nulo β_0 em sua inclinação e a curvatura esperada da função de probabilidade logarítmica. A forma qui-quadrado da estatística de pontuação é dada por:

Equação 4.24

$$\frac{\left[dL(\beta) / d\beta_0\right]}{-E\left[d^2L(\beta) / d\beta_0^2\right]}$$

Essa notação reflete as derivadas com relação ao parâmetro β avaliado em β_0. Para o caso da família exponencial, esse teste avalia as diferenças entre os dados observados e os preditos. A estatística de teste usada quando se tem múltiplos parâmetros é a forma quadrática baseada em um vetor de derivadas parciais da log verossimilhança e informação da matriz inversa avaliadas nas estimativas de H_0. Para saber mais, consulte o artigo de Rao (1948) e o livro de Cook e DeMets (2008, p. 396-399).

4.4.4 Considerações sobre os testes

Os testes de inferência abordam a restrição dos parâmetros do modelo, ou seja, eles tentam identificar se, ao deixar de fora alguma variável preditora, é possível reduzir o ajuste do modelo. Cada teste tenta responder a essa questão de uma forma diferente. A vantagem dos testes de Wald e multiplicador de Lagrange é que eles se aproximam do teste da razão de verossimilhança, porém, para calculá-los, é necessário estimar apenas um modelo. Esses dois testes são assintoticamente equivalentes ao teste de razão de verossimilhança, o que significa que, conforme o tamanho da amostra se torna infinitamente grande, os valores das estatísticas dos testes do multiplicador de Lagrange e de Wald se aproximam cada vez mais da estatística de teste do teste da razão de verossimilhança. Os três testes tenderão a gerar estatísticas de teste um pouco diferentes para amostras finitas, contudo, devem chegar às mesmas conclusões. Segundo Johnston e DiNardo (1997), quando o modelo é linear, a estatística do teste de Wald será sempre maior que a estatística do teste da razão de verossimilhança, que, por sua vez, sempre será maior que a estatística de teste do teste multiplicador de Lagrange.

Para entender como os testes se relacionam entre si e também como se diferenciam, considere o gráfico a seguir, que mostra, no eixo x, o espaço paramétrico, ou seja, os valores possíveis do parâmetro β, sendo l_0 a log verossimilhança para o modelo restrito e l_1 a log verossimilhança para o modelo irrestrito.

Gráfico 4.1 – Amostragem para o estimador β log verossimilhança e testes assintóticos

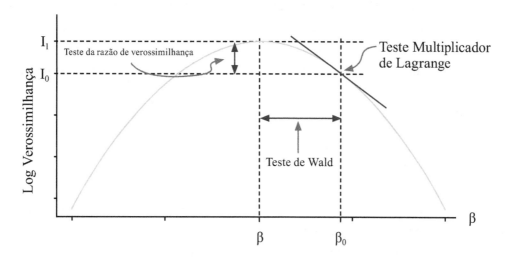

Fonte: Fox, 1997, p. 570, tradução nossa.

O teste da razão de verossimilhança compara as probabilidades logarítmicas de um modelo com valores do parâmetro restrito *versus* um modelo em que o parâmetro é estimado sem restrições, ou seja, é irrestrito. O teste compara os modelos por meio da altura das probabilidades entre os modelos e verifica se essa diferença é estatisticamente significativa. No Gráfico 4.1, esse valor corresponde ao indicado pela seta na vertical.

O teste de Wald compara a estimativa do parâmetro β_0 com o parâmetro β_1, com β_0 sob a hipótese nula, que normalmente é a hipótese $\beta = 0$. Caso o parâmetro β_0 seja significativamente diferente do valor do parâmetro β_1, existe um indicativo de que o ajuste do modelo que estima o parâmetro sem restrições é melhor do que o modelo restrito. No Gráfico 4.1, é possível ver a diferença calculada pelo teste de Wald, indicado pela seta horizontal.

O teste multiplicador de Lagrange vai analisar a inclinação da probabilidade logarítmica quando β é estimado de modo restrito. Ele vai até o ponto previamente atribuído e tenta determinar a distância até o topo, considerando a inclinação da curva e a taxa na qual ela está variando no valor hipotético de β (Buse, 1982). Podemos verificar a análise desse teste por meio da reta tangente em β_0 mostrada no Gráfico 4.1.

4.5 Função desvio (*deviance*)

A função desvio – conhecida como *deviance*, sua nomenclatura em inglês – é utilizada para testar a significância dos coeficientes do modelo, conforme Atkinson e Riani (2000), Lindsey (1997) e McCullagh e Nelder (1989).

Em um modelo de regressão, é utilizada a soma de quadrados de resíduo para testar a significância dos coeficientes do modelo linear. Correspondente a isso, temos a análise *deviance* para os GLM, em que testes de razão de verossimilhança são expressos como diferenças em escalas de desvios.

A *deviance* de um modelo é dada pela relação desse modelo com o modelo saturado.

O que é

Modelo saturado é aquele que tem um parâmetro separado para cada observação e se ajusta perfeitamente aos dados.

Seja L_M a notação para o valor da log verossimilhança do modelo M de interesse e L_S a notação para o valor da log verossimilhança maximizada para o modelo mais complexo possível. Como o modelo saturado é o modelo mais complexo, pois se ajusta perfeitamente aos dados, sua probabilidade logarítmica maximizada L_S é pelo menos tão grande quanto a probabilidade logarítmica maximizada L_M para um modelo M mais simples. Nesse caso, a *deviance* é definida como:

Equação 4.25

$$\text{Deviance} = -2\left[L_M - L_S\right]$$

Essa estatística testa a hipótese de que todos os parâmetros que estão no modelo saturado, mas não no modelo M, são iguais a zero. Um *software* de GLM fornece o valor da *deviance*, não sendo necessário fazer os cálculos para L_M ou L_S.

Sob certas condições de regularidade, assintoticamente para um valor conhecido de β, a *deviance* assume uma distribuição qui-quadrado, conforme provado por Lindsey (1997). Nesses casos, a *deviance* fornece um teste de checagem do modelo, testando a hipótese de que todos os parâmetros possíveis não incluídos no modelo são iguais a zero. Os graus de liberdade residuais são iguais ao número de observações menos o número de parâmetros do modelo. A probabilidade da cauda a direita acima do valor observado da estatística de teste é o p-valor da distribuição de qui-quadrado. Valores pequenos de p-valor e valores grandes de estatística de teste fornecem forte evidência de falta de ajuste do modelo. Para saber mais, consulte Agresti (2002, p. 139-142).

4.5.1 Comparação entre modelos usando *deviance*

Considerando a abordagem por *deviance*, seja um modelo denotado por M_0 um caso especial de um modelo denotado por M_1. Os modelos de resposta normal utilizam o teste F para sua comparação, usando decomposição de soma de quadrados para verificar a variabilidade dos dados. A análise de variância é generalizada em análise de *deviance*, que é a ferramenta utilizada para os modelos lineares generalizados. O modelo saturado, que é o modelo mais complexo, é comparado ao modelo mais simples, e a estatística de teste de razão de verossimilhança é $-2[L_0 - L_1]$, desde que:

Equação 4.26

$$-2[L_0 - L_1] = -2[L_0 - L_s] - \{-2[L_1 - L_s]\} = \text{Deviance}_0 - \text{Deviance}_1$$

Dessa forma, comparamos os modelos por meio da comparação de seus desvios.

Quando M_0 não tem um bom ajuste em comparação a M_1, então, a estatística de teste terá um valor grande e p-valor pequeno. A estatística de teste tem distribuição aproximadamente qui-quadrado com graus de liberdade igual ao número de parâmetros adicionais em M_1, ou a diferença entre os valores dos graus de liberdade residuais para os modelos separados.

4.5.2 Checagem do modelo

Para um modelo convencional GLM, é importante checar a adequação do modelo, ou seja, o quanto o modelo se ajusta aos dados observados. Os métodos de diagnóstico se assemelham aos dos modelos gaussianos, contudo, são necessários alguns ajustes. Os resíduos, ou erros, são dados pela diferença entre o dado observado e o dado predito pelo modelo. No caso dos modelos gaussianos, para a observação *i*, o erro é dado por $\hat{e}_i = y_i - \hat{\mu}_i$. No entanto, a variância dos GLM nem sempre é constante. Por exemplo, para um modelo de Poisson, o desvio-padrão é dado por $s_i = \sqrt{\mu_i}$; sendo que o desvio-padrão depende do valor da média, é possível constatar que, quanto maior o valor da média, maior a variabilidade em torno dela. Dessa forma, utiliza-se o resíduo de Pearson (Faraway, 2006), que é uma medida comparável ao resíduo-padrão usado para modelos lineares e é definido por:

Equação 4.27

$$\text{Resídulo de Pearson} = e_i = \frac{y_i - \hat{\mu}_i}{\sqrt{\widehat{\text{Var}}(y_i)}}$$

No exemplo de um dado de contagem, que segue uma distribuição de Poisson, o resíduo de Person para a observação *i* é dado por:

Equação 4.28

$$e_i = \frac{y_i - \hat{\mu}_i}{\sqrt{\hat{\mu}_i}}$$

Note que $\sum e_i^2 = \sum i\left(y_i - \hat{\mu}_i\right)^2 / \hat{\mu}_i$ e, portanto, o nome de Person. Conforme explica Agresti (2007), quando o ajuste por GLM é o modelo correspondente à independência para células em uma tabela de contingência bidirecional, esta é a estatística qui-quadrado de Pearson X^2 para testar a independência, portanto ele se decompõe em termos que descrevem a falta de ajuste para observações separadas.

Como o numerador utiliza um valor ajustado para a média, $\hat{\mu}_i$, os resíduos são menos variáveis que para o modelo normal padrão quando o modelo é válido. O resíduo padronizado é dado por:

Equação 4.29

$$\text{Resíduo padronizado} = \frac{y_i - \hat{\mu}_i}{SE}$$

O resíduo padronizado segue uma distribuição normal padrão quando $\hat{\mu}_i$ é suficientemente grande.

4.5.3 Estudo de caso utilizando R

Os testes apresentados na Seção 4.4 e a função *deviance* são metodologias que auxiliam na tomada de decisão quando da seleção de um GLM, ou seja, na escolha de qual modelo se adequa melhor aos dados. O exemplo a seguir foi extraído da obra de Agresti (2007).

Norton e Dunn (1985) obtiveram dados de quatro clínicas de medicina da família na cidade de Toronto com objetivo de verificar se existe associação entre o ronco e doenças cardíacas. O total da amostra é de 2.484 sujeitos. Os sujeitos do estudo foram classificados de acordo com o nível de ronco, conforme a tabela a seguir.

Tabela 4.3 – Tabela descritiva nível de ronco *versus* doenças do coração

Ronco	Doença do coração		Proporção de sim
	Sim	Não	
Nunca	24	1355	0,017
Ocasionalmente	35	603	0,055
Quase todas as noites	21	192	0,099
Todas as noites	30	224	0,118

Fonte: Agresti, 2007, p. 69, tradução nossa.

O modelo de probabilidade linear para esse estudo diz que a probabilidade de doença do coração $\pi(x)$ é uma função linear do nível de ronco x. Os dados nas linhas da tabela são considerados uma amostra independente binomial com probabilidade $\pi(x)$. Para os níveis de ronco foram utilizados escores, sendo x = nível de ronco. Os escores utilizados foram:

- 0 – Nunca.
- 2 – Ocasionalmente.
- 4 – Quase todas as noites.
- 5 – Todas as noites.

Em um modelo binário, o programa R utiliza normalmente a presença de sucesso como 1 e o fracasso como 0. Um GLM é feito por meio da função glm(). Essa função permite especificar a distribuição estatística que se deseja utilizar, que não necessariamente é a normal.

Sintaxe de programação no R para um modelo GLM geral

```
glm(formula, family=familytype(link=linkfunction), data="conjunto de dados")
```

A tabela a seguir ilustra as principais famílias de distribuição utilizadas e as respectivas funções de ligação.

Tabela 4.4 – Famílias de distribuição de probabilidade e respectivas funções de ligação utilizadas no programa R

Família	Função link padrão
binomial	(link = "logit")
gaussian	(link = "identity")
Gamma	(link = "inverse")
inverse.gaussian	(link = "1/mu^2")
poisson	(link = "log")
quasi	(link = "identity", variance = "constant")
quasibinomial	(link = "logit")
quasipoisson	(link = "log")

No programa R, foram ajustados os modelos linear, logito e probito para verificar qual modelo se ajusta melhor aos dados. Os dados do exemplo em questão encontram-se já programados no R no pacote *asbio dados snore*. A tabela a seguir apresenta um resumo com os valores preditos por meio dos modelos usando o R. As saídas computacionais são apresentadas subsequentemente.

Tabela 4.5 – Resultados dos modelos preditos para nível de ronco *versus* doenças do coração

Ronco	Doença do coração		Proporção de sim	Ajustes de modelo		
	Sim	Não		Linear	Logito	Probito
Nunca	24	1355	0,017	0,0162	0,0200	0,0191
Ocasionalmente	35	603	0,055	0,0567	0,0437	0,0454
Quase todas as noites	21	192	0,099	0,0971	0,0930	0,0952
Todas as noites	30	224	0,118	0,1173	0,1331	0,1317

Fonte: Agresti, 2007, p. 69, tradução nossa.

Saídas computacionais usando o programa R

1. Modelo linear:

```
> data ("snore", package = "asbio")
> modelo_linear <- lm (disease ~ ord.snoring, data = snore)
> summary(modelo_logit)
Residuals:
    Min      1Q    Median      3Q      Max
-0.11731 -0.05666 -0.01623 -0.01623 0.98377
Coefficients:
            Estimate  Std. Error t value   Pr(>|t|)
(Intercept) 0.016226  0.005133   3.161     0.00159 **
ord.snoring 0.020217  0.002306   8.769   < 2e-16 ***
---
Signif. codes: 0 '***' 0.001 '**' 0.01 '*' 0.05 '.' 0.1 ' ' 1
Residual standard error: 0.2018 on 2482 degrees of freedom
Multiple R-squared: 0.03005, Adjusted R-squared: 0.02966
F-statistic: 76.89 on 1 and 2482 DF, p-value: < 2.2e-16
```

2. Modelo logito

```
> modelo_logit <- glm(disease ~ ord.snoring, family = binomial(link =
logit), data = snore)
> summary(modelo_logit)
Deviance Residuals:
   Min      1Q   Median     3Q     Max
-0.5345 -0.2989 -0.2008 -0.2008 2.7980
Coefficients:
```

```
             Estimate Std. Error  z value  Pr(>|z|)
(Intercept) -3.89419    0.16813  -23.161 <   2e-16 ***
ord.snoring 0.40408     0.05031    8.031  9.63e-16 ***
---
Signif. codes: 0 '***' 0.001 '**' 0.01 '*' 0.05 '.' 0.1 ' ' 1
(Dispersion parameter for binomial family taken to be 1)
 Null deviance: 894.67 on 2483 degrees of freedom
Residual deviance: 829.97 on 2482 degrees of freedom
AIC: 833.97
Number of Fisher Scoring iterations: 6
```

3. Modelo probito: ─────────────────────────────────────

```
> modelo_probit <- glm(disease ~ ord.snoring, family = binomial(link =
probit), data = snore)
> summary(modelo_probit)
Deviance Residuals:
  Min     1Q    Median    3Q     Max
-0.5314 -0.3049 -0.1963 -0.1963 2.8138
Coefficients:
             Estimate  Std. Error  z value  Pr(>|z|)
(Intercept) -2.07298    0.07083   -29.269 <   2e-16 ***
ord.snoring 0.19092     0.02358     8.096  5.7e-16 ***
---
Signif. codes: 0 '***' 0.001 '**' 0.01 '*' 0.05 '.' 0.1 ' ' 1
(Dispersion parameter for binomial family taken to be 1)
 Null deviance: 894.67 on 2483 degrees of freedom
Residual deviance: 828.95 on 2482 degrees of freedom
AIC: 832.95
Number of Fisher Scoring iterations: 6
```

Para analisar os resultados, vamos considerar a saída computacional do modelo logito. Os coeficientes estimados nas saídas computacionais indicam a mudança média na log razão de chances (log odds) da variável resposta associada ao aumento em uma unidade na variável preditora. No exemplo, uma unidade de aumento na variável preditora ronco é associada a um aumento médio de 0.4 na log odds da variável resposta doença do coração. Ou seja, quanto maior o nível de ronco, maior é o risco de doença do coração. O erro-padrão é a medida de variabilidade associada à estimativa do coeficiente. Dividindo a estimativa do coeficiente pelo erro-padrão, obtemos o valor de z. O p-valor associado ao valor da probabilidade de z indica o quão bem cada variável preditora é capaz de prever o valor da variável de resposta no modelo. No caso, como o p-valor é significativo, a variável preditora ronco é considerada estatisticamente significativa no modelo. No exemplo em questão, isso faz sentido, já que não temos outras variáveis preditoras no modelo.

A saída de *null deviance* indica o quanto a variável resposta pode ser bem ajustada por um modelo com apenas um termo de interceptação. O *residual deviance* indica o quanto a variável resposta pode ser bem ajustada pelo modelo específico que foi proposto com todas as variáveis preditoras. Quanto menor seu valor, melhor o modelo é capaz de prever a variável resposta. Para determinar se um modelo é bom, podemos computar sua estatística de qui-quadrado fazendo $\chi^2 = $ Null Deviance – Residual Deviance com p graus de liberdade. O p-valor dessa estatística pode ser encontrado usando o programa R função *pchisq()*. Quanto menor o p-valor associado à estatística de qui-quadrado, melhor o modelo é capaz de se ajustar ao conjunto de dados comparado ao modelo com somente um intercepto.

A saída computacional também mostra o valor de AIC, que é chamada de *Akaike information criterion*, uma medida utilizada para comparar diferentes modelos. Quanto melhor o valor de AIC, melhor o modelo se ajusta aos dados. O AIC é calculado como AIC = 2K – 2ln(L), em que K é o número de parâmetros do modelo e ln(L) é a log verossimilhança do modelo.

No exemplo, ajustamos dois modelos de GLM e, portanto, a comparação do AIC nos informa qual é o melhor modelo ajustado. Nesse caso, o modelo probito se mostra melhor, e as respostas desse modelo se aproximam das respostas para o modelo linear simples. Na prática, verificamos que o modelo probito estima tão bem quanto o modelo linear simples.

4.6 GLM para dados binários

Seja Y uma variável resposta binária, ou seja, uma variável com duas respostas possíveis. Por exemplo, presença de um vírus no organismo (ausente, presente), já sofreu algum procedimento cirúrgico (sim/não). Considere cada observação como 0 para fracasso ou 1 para sucesso. As probabilidades de Y são dadas por $P(Y = 1) = \pi$ de sucesso e $P(Y = 0) = (1 - \pi)$ de fracasso, com média dada por $E(Y) = \pi$. Cada observação binária é uma variável binomial com n = 1. A probabilidade π pode variar conforme muda o valor de x, assim, para descrever a dependência em π, substitui-se por $\pi(x)$. Um modelo de probabilidade linear no qual a probabilidade de sucesso muda linearmente em x é dado por:

Equação 4.30

$$\pi(x) = \beta_0 + \beta_1 x$$

Esse é um GLM em que o parâmetro β representa a mudança na probabilidade por unidade de mudança em *x*. O componente aleatório é uma distribuição binomial e a função de ligação identidade. Dessa forma, as probabilidades do modelo ficam entre 0 e 1 e suas funções lineares podem assumir qualquer valor real. O modelo se ajusta bem para uma faixa restrita de valores *x,* mas, na maioria dos casos aplicados, é necessária uma modelagem mais complexa. Quando Y assume uma distribuição binomial, utiliza-se o estimador por máxima verossimilhança em vez do estimador por mínimos quadrados ordinários, já que este assume distribuição normal com variância constante. Em virtude da natureza da variância não constante, o estimador binomial por máxima verossimilhança é mais eficiente do que o estimador por mínimos quadrados, e, claramente, Y não se distribui normalmente.

Os dados binários resultam de uma relação não linear entre π(x) e *x*. Uma mudança fixa em *x* oferece menos impacto quando π(x) está próximo a 0 ou 1 do que quando essa probabilidade está próxima a 0,5. A função *link* apropriada para esse caso é a transformação log, sendo a regressão logística modelos lineares generalizados com um componente aleatório binomial e a função *lingk* logito.

4.7 GLM para dados de contagem

Dados de contagens são comuns para variáveis discretas, como número de clientes que entram em uma loja em uma hora, ou número de peças defeituosas em um lote de produção. As contagens são resumidas em uma tabela de contingência. O modelo mais simples para dados de contagem adota uma distribuição de Poisson para o componente aleatório. Relembramos que a distribuição de Poisson é unimodal, assimétrica à direita sobre os valores possíveis, sempre positivos, com um único parâmetro $\mu > 0$, sendo

$$E(Y) = Var(Y) = \mu, \ \sigma(Y) = \sqrt{\mu}$$

Mesmo o modelo GLM podendo utilizar uma função *link* identidade, é comum utilizar a função logarítmica da média. Assim como o preditor linear, o logarítmo da média pode assumir qualquer valor real. A função de ligação logarítmica é a função de ligação canônica para o GLM de Poisson e a média logarítmica é o parâmetro natural da distribuição. O modelo log linear de Poisson para a variável explicativa X é dado por:

Equação 4.31

$$\log(\mu) = \beta_0 + \beta_1 x$$

Esse modelo satisfaz a relação exponencial $\mu = \exp(\beta_0 + \beta_1 x) = e^{\beta_0}\left(e^{\beta_1}\right)^x$.

Uma unidade de crescimento em x tem um efeito multiplicativo de e^{β_0} em μ. A média em x + 1 é igual a média em x vezes e^{β_0} (Agresti, 2002).

Exercício resolvido

1) Apresentamos, na Tabela 4.6, os dados coletados por Poole (1989). A pesquisadora observou uma população de elefantes africanos no Parque Nacional Amboseli, no Quênia, durante 8 anos. Ela anotou os dados de acasalamentos bem sucedidos e idades (no início do estudo) de 41 elefantes machos. Os elefantes machos são capazes de reproduzir entre 14 a 17 anos de idade, contudo os machos adultos nem sempre conseguem competir com seus anciões maiores pela atenção das fêmeas receptivas. Segundo a pesquisadora, os elefantes machos continuam a crescer ao longo de suas vidas, e como os machos maiores tendem a ser mais bem-sucedidos no acasalamento, os machos com maior probabilidade de passar seus genes para as gerações futuras são aqueles cujas características lhes permitem viver vidas longas. A relação entre a idade e acasalamentos bem-sucedidos permite verificar as hipóteses da pesquisadora.

Tabela 4.6 Acasalamentos e idade de elefantes machos

Idade	Acasalamentos	Idade	Acasalamentos	Idade	Acasalamentos	Idade	Acasalamentos
27	0	30	1	36	5	43	3
28	1	32	2	36	6	43	4
28	1	33	4	37	1	43	9
28	1	33	3	37	1	44	3
28	3	33	3	37	6	45	5
29	0	33	3	38	2	47	7
29	0	33	2	39	1	48	2
29	0	34	1	41	3	52	9
29	2	34	1	42	4		
29	2	34	2	43	0		
29	2	34	3	43	2		

Fonte: Elaborado com base em Poole, 1989.

A resposta é o número de acasalamentos bem-sucedidos dos 41 elefantes durante os oito anos de observações, e o preditor é a estimativa de idade dos elefantes no início do estudo. Um modelo ajustado é dado por:

Y = sucessos no acasalamento ~ Poisson(μ)

$\mu = \beta_0 + \beta_1$ Idade Elefantes (função identidade)

Um programa estatístico pode ser utilizado para estimar os parâmetros do modelo. O programa R é sugerido, já que os dados do exemplo estão inseridos no pacote "Sleuth3" dados "case2201". Usando a função *link* identidade e a função *link* logarítmica, obtemos os seguintes resultados:

Modelo 1 = $\hat{\mu} = \hat{\beta}_0 + \hat{\beta}_1 \text{Idade} = -4,55 + 0,20\,\text{Idade}$

O valor estimado de $\hat{\beta} = 0,20$ mais acasalamentos se o elefante é um ano mais velho.

Modelo 2 = $\log(\hat{\mu}) = \hat{\beta}_0 + \hat{\beta}_1 \text{Idade} = -1,58 + 0,07\,\text{Idade}$

$\hat{\mu} = \exp(-1,58 + 0,07\text{Idade}) = 0,21(1,071)^{\text{Idade}}$

Para o modelo 2, o valor esperado do número de acasalamentos aumentou em 7,1% para cada ano a mais de vida. Por exemplo, para um macho de 40 anos, o número esperado de acasalamentos é de $\mu = \exp(-1,58 + 0,07(40)) \approx 3.2$.

Programação no R

```
> data("case2201", package = "Sleuth3") ## Leitura dos dados que já estão
no R, pacote Sleuth3
> attach(case2201)
```

Modelo 1 – Ajuste do GLM função Identidade ————————————

```
> case2201 = glm(Matings ~ Age, family=poisson(link="identity"))
> summary(case2201)
> glm(formula = Matings ~ Age, family = poisson(link = "identity"))
Deviance Residuals:
  Min      1Q    Median    3Q      Max
-2.87228 -0.97171 -0.09509 0.57794 2.07192
Coefficients:
            Estimate Std. Error z value  Pr(>|z|)
(Intercept) -4.55205   1.33916    -3.399  0.000676 ***
Age          0.20179   0.04023     5.016  5.29e-07 ***
Signif. Codes: 0 '***' 0.001 '**' 0.01 '*' 0.05 '.' 0.1 ' ' 1
(Dispersion parameter for poisson family taken to be 1)
 Null deviance: 75.372 on 40 degrees of freedom
Residual deviance: 50.058 on 39 degrees of freedom
AIC: 155.5
Number of Fisher Scoring iterations: 5
```

Modelo 2 – Ajuste GLM função logarítmica ————————————

```
> case2201.log = glm(Matings ~ Age, family=poisson(link="log")) ##
> summary(case2201.log)
```

```
> glm(formula = Matings ~ Age, family = poisson(link = "log"))
Deviance Residuals:
     Min        1Q      Median        3Q         Max
-2.80798  -0.86137  -0.08629    0.60087    2.17777
Coefficients:
                Estimate  Std. Error  z value     Pr(>|z|)
(Intercept) -1.58201     0.54462      -2.905     0.00368 **
Age          0.06869     0.01375       4.997     5.81e-07 ***
Signif. Codes: 0 '***' 0.001 '**' 0.01 '*' 0.05 '.' 0.1 ' ' 1
(Dispersion parameter for poisson family taken to be 1)
 Null deviance: 75.372 on 40 degrees of freedom
Residual deviance: 51.012 on 39 degrees of freedom
AIC: 156.46
Number of Fisher Scoring iterations: 5 AIC: 156.46
Number of Fisher Scoring iterations: 5
```

Ajustados os dois modelos, é necessário verificar qual modelo se adequa melhor aos dados. Com base no valor do AIC da saída do R, 155,50 para o modelo 1 e 156,46 para o modelo 2, concluímos que o modelo 1 se ajusta melhor. Alguns gráficos de resíduo podem ser analisados para visualizar os resultados, contudo, não é possível notar diferenças significativas nos resultados.

Gráfico 4.2 – Gráficos das saídas computacionais do R para os resíduos padronizados *deviance* e de Pearson para as funções *link* logarítmica e identidade

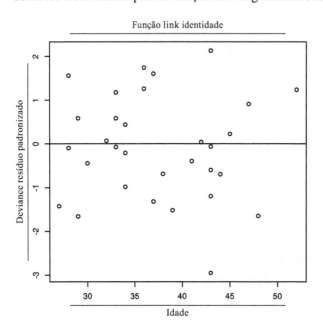

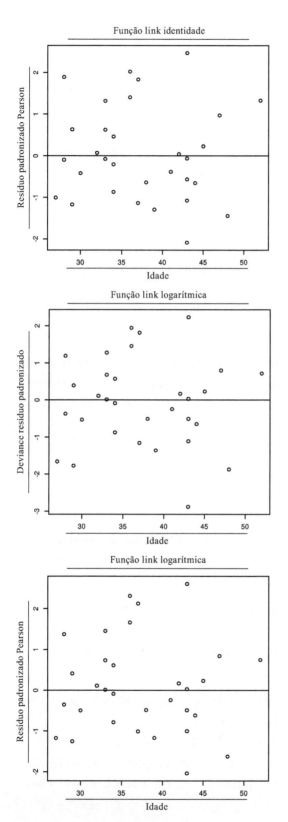

Fonte: Elaborado com base em Poole, 1989.

Programação dos gráficos no R:

```
> plot(Age, rstandard(case2201),
 ylab="Deviance Resíduo Padronizado", main="Funçao link Identidade")
abline(h=0)
> plot(Age, rstandard(case2201, type="pearson"),
 ylab="Resíduo Padronizado Pearson", main = "Funçao link Identidade")
abline(h=0)
> plot(Age, rstandard(case2201.log),
 ylab="Deviance Resíduo Padronizado", main="Funçao link logaritmica")
abline(h=0)
> plot(Age, rstandard(case2201.log, type="pearson"),
 ylab="Resíduo Padronizado Pearson", main = "Funçao link logaritmica")
abline(h=0)
```

Para saber mais

Agresti, em seu livro *Foundations of Linear and Generalized Linear Models*, traz uma excelente explanação sobre os modelos lineares generalizados para dados categóricos no Capítulo 3, elevando o estudo para modelos de dados binários nos Capítulo 4 e 5 e modelos para dados de contagens no Capítulo 7:

AGRESTI, A. **Foundations of Linear and Generalized Linear Models**. Hoboken, NJ: Wiley & Sons, 2015.

Indicamos também a leitura do artigo introdutório aos modelos lineares generalizados, de autoria de Nelder e Wedderburn:

NELDER J. A.; WEDDERBURN, W. M. Generalized Linear Models. **Journal of the Royal Statistical Society**, v. 135, n. 3, p. 370-384, 1972. Disponível em: <https://www.jstor.org/stable/2344614>. Acesso em: 24 maio 2023.

No contexto do uso do R, para aprofundamento do conteúdo, recomendamos a leitura de Atkinson e Riani:

ATKINSON, A.; RIANI, M. **Robust Diagnostic Regression Analysis**. New York: Springer, 2000.

Para aprofundar os conceitos de dados de contagens, conta-se também com vários artigos publicados, como o de Zeileis, Kleiber e Jackman:

ZEILEIS, A.; KLEIBER, C.; JACKMAN, S. Regression Models for Count Data in R. **Journal of Statistical Software**, v. 27, n. 8, p. 1-25, 2008. Disponível em: <https://www.researchgate.net/publication/26539706_Regression_Models_for_Count_Data_in_R>. Acesso em: 24 maio 2023.

Os conceitos relacionados aos testes de inferência para os parâmetros do modelo podem ser aprofundados com as seguintes leituras:

BUSE, A. The Likelihood Ratio, Wald and Lagrange Multiplier Tests: An Expository Note. **The American Statistician**, v. 36, n. 3, part I, p. 153-157, Aug. 1982. Disponível em: <https://canvas.gu.se/files/1815378/download?download_frd=1&veri fier=AeXe3WdGHTzttvUIOrYzvJhj9bocTPGvSUIygwzl>. Acesso em: 24 maio 2023.

ENGLE, R. F. Wald, Likelihood Ratio, and Lagrange Multiplier Tests in Econometrics. In: GRILICHES, Z.; INTRILIGATOR, M. D. (Ed.). **Handbook of Econometrics**. Amsterdam: Elsevier Science, 1984. v. II. p. 775-826.

PULKSTENIS, E., ROBINSON T. J. Goodness-of-fit Tests for Ordinal Response Regression Models. **Statistics in Medicine**, v. 23, n. 6, p. 999-1014, Mar. 2004. Disponível em: <https://onlinelibrary.wiley.com/doi/epdf/10.1002/sim.1659>. Acesso em: 24 maio 2023.

Síntese

Abordamos, neste capítulo, os modelos lineares generalizados (GLM). Os GLM são modelos que generalizam os modelos de regressão lineares por mínimos quadrados. Apresentamos a descrição, a definição, as nomenclaturas, a inferência e exemplos de GLM, de modo a propiciar ao leitor ferramentas para familiarização inicial e manipulação de dados categóricos utilizando esses modelos.

Questões para revisão

1) Em um estudo referente a consumo de álcool por gestantes *versus* malformação do bebê ao nascer, as variáveis analisadas foram Y = o bebê tem uma má formação na genitália e X = consumo de álcool da gestante. Com escores (0, 0,5, 1,5, 4,0, 7,0) para consumo de álcool e um modelo ajustado por máxima verossimilhança de probabilidade linear, o resultado obtido no programa R foi:

Parâmetro	Estimativa	Erro padrão	Razão de probabilidade Limite de confiança de 95%	
Intercepto	0.00255	0.0003	0.0019	0.0032
Álcool	0.00109	0.0007	−0.0001	0.0027

Com base no resultado dado pelo modelo ajustado no programa R, responda as questões que seguem:

a. Obtenha a equação da predição e interprete os valores do intercepto e da inclinação.

b. Use o modelo ajustado para estimar as probabilidades de má formação para álcool nos níveis 0 e 7,0 e calcule o risco relativo para esses níveis.

2) Um experimento analisa as taxas de imperfeição de dois processos usados para fabricar pastilhas de silício para *chips* de computador. Para o tratamento A aplicado a 10 pastilhas, os números de imperfeições foram 8, 7, 6, 6, 3, 4, 7, 2, 3, 4. Para outras 10 pastilhas, em que foi aplicado o tratamento B, as imperfeições foram 9, 9, 8, 14, 8, 13, 11, 5, 7, 6. Trate as contagens como variáveis de Poisson independentes com médias μ_A e μ_B.

a. Ajuste o modelo $\log\mu = \beta_0 + \beta_x$, em que $x = 1$ para o tratamento B e $x = 0$ para o tratamento A.

b. Teste $\mu_A = \mu_B$ usando o teste de Wald ou o teste da razão de verossimilhança de $H_0: \beta = 0$ e interprete os resultados.

3) Um estudo sobre taxas de acidentes automobilísticos para motoristas idosos (Agresti, 2007) indicou que toda a coorte de motoristas idosos teve 495 acidentes em 38,7 mil anos de condução. Usando um GLM de Poisson, encontre um intervalo de confiança de 95% para a taxa verdadeira. Dica: primeiro, encontre um intervalo de confiança para a taxa logarítmica obtido a estimativa e o erro-padrão para o termo de interceptação em um modelo log-linear que não tem outro preditor e usa log(38.7) como um deslocamento.

4) A tabela a seguir mostra os dados de acidentes envolvendo trens segundo o Departamento de Transportes britânico – somente trens e acidentes entre trens e veículos em estrada. É plausível que as contagens de colisões sejam variáveis de Poisson independentes com taxa constante no decorrer dos 29 anos? Para responder, considere uma comparação do GLM de Poisson para taxas de colisão que contém apenas um termo de interceptação com um GLM de Poisson que também contém uma tendência de tempo. Os valores de *deviance* dos dois modelos são 35,1 e 23,5, respectivamente.

Tabela A – Colisões envolvendo trens e trens com veículos em estradas no Reino Unido entre 1975 e 2003

Ano	Trem-km	Colisões trem	Colisões de trem-estrada	Ano	Trem-km	Colisões trem	Colisões de trem-estrada
2003	518	0	3	1988	443	2	4
2002	516	1	3	1987	397	1	6
2001	508	0	4	1986	414	2	13
2000	503	1	3	1985	418	0	5
1999	505	1	2	1984	389	5	3
1998	487	0	4	1983	401	2	7
1997	463	1	1	1982	372	2	3
1996	437	2	2	1981	417	2	2
1995	423	1	2	1980	430	2	2
1994	415	2	4	1979	426	3	3
1993	425	0	4	1978	430	2	4
1992	430	1	4	1977	425	1	8
1991	439	2	6	1976	426	2	12
1990	431	1	2	1975	436	5	2
1989	436	4	4				

Fonte: Agresti, 2007, p. 83, tradução nossa.

5) Analise as assertivas a seguir e indique V para as verdadeiras e F para as falsas.

( ) Um modelo de regressão comum (ou ANOVA) que trata a resposta Y como normalmente distribuída é um caso especial de um GLM, com componente aleatório normal e função de ligação identidade.

( ) Com um GLM, Y não precisa ter uma distribuição normal e é possível modelar uma função da média de Y em vez de apenas a média em si; mas, para obter estimativas de ML, a variância de Y deve ser constante em todos os valores dos preditores.

( ) O resíduo de Pearson $e_i = \left(y_i - \hat{\mu}_i \right) / \sqrt{\hat{\mu}_i}$ para um GLM se aproxima de uma distribuição normal padrão quando μ_i é grande.

Agora, assinale a alternativa que apresenta a sequência correta:

a. V, V, V.
b. V, F, V.
c. F, F, V.
d. V, V, F.

Questões para reflexão

1) Descreva o propósito da função *link* de um modelo linear generalizado. Defina a função de ligação identidade e explique por que ela geralmente não é utilizada no parâmetro binomial (Agresti, 2007).

2) Suponha que y_i segue uma distribuição $N(\mu_i, \sigma^2)$, $i = 1, \ldots, n$. Formule um modelo linear generalizado, especificando o componente aleatório, o preditor linear e a função *link* (Agresti, 2015).

Conteúdos do capítulo:

- Introdução às medidas repetidas e aos dados longitudinais.
- Modelos gaussianos de efeitos mistos.
- Modelos não gaussianos.
- Equações de estimação generalizada.
- Aplicações com o uso do R.

Após o estudo deste capítulo, você será capaz de:

1. compreender o que são medidas repetidas e longitudinais e como funcionam as metodologias de análise de dados para essas medidas;
2. recordar metodologias de análise dos modelos lineares generalizados (GLM);
3. aprimorar a utilização de recursos computacionais para análise de dados;
4. reconhecer o que são medidas repetidas e suas técnicas de análise.

Análise de dados categóricos repetidos ou longitudinais

Apresentaremos, neste capítulo, a técnica de análise de dados longitudinais, que constitui um caso particular de medidas repetidas. As medidas repetidas são obtidas quando uma variável dependente é medida repetidamente em um conjunto de unidades de análise ou unidade amostral. As unidades de análise podem ser pessoas, plantas, animais, famílias, objetos, peças industriais etc. Analisaremos, aqui, os modelos gaussianos de efeitos mistos e os modelos não gaussianos, bem como a abordagem computacional utilizando o programa R. Em razão da complexidade para encontrar soluções analíticas para esses modelos, a abordagem computacional é recomendada.

5.1 Introdução às medidas repetidas e aos dados longitudinais

As medidas repetidas são obtidas quando uma variável dependente (ou resposta) é mensurada repetidamente em um conjunto de unidades amostrais. Essas unidades podem ser pessoas, animais, plantas, famílias, bancos etc. Dados longitudinais constituem um caso particular de medidas repetidas.

A análise de dados longitudinais vem se tornando cada vez mais popular em diferentes contextos – por exemplo, na checagem de eficácia terapêutica em ensaios clínicos, na avaliação contínua de funcionários, em programas de emagrecimento com base em dietas experimentais, nos estudos observacionais em diversas disciplinas etc. Esses estudos, além da variação inter-individual, também investigam a variação intraindividual. Entender a influência dessas duas fontes de variação nos permite descrever melhor a complexidade de fenômenos biológicos, comportamentais, econômicos e epidemiológicos, além de inferir sobre causalidade. Para motivar o entendimento desses elementos, vamos apresentar dois exemplos na sequência.

Exemplificando

1) Considere dois métodos (A e B) de treinamento para melhorar a comunicação do teleatendimento com os clientes. Funcionários serão selecionados e alocados de maneira aleatória em uma das duas metodologias propostas. A qualidade do teleatendimento será mensurada em uma escala discreta de 5 pontos a ser observada em dois momentos: antes e depois do treinamento. Nessa escala ordinal, a maior pontuação corresponde à melhor avaliação possível. A empresa selecionou criteriosamente esses métodos sob a expectativa de que a média de avaliação dos clientes será superior no pós-treinamento quando comparada com o pré-treinamento. Entretanto, a eficácia do método depende de características individuais, nem todas observáveis, e, por isso, a empresa deseja comparar resultados de métodos diferentes para escolher aquele que seja mais adequado para o seu time de funcionários.

   Neste exemplo, dois fatores são controlados. O primeiro é o fator intraindividual, o tempo (pré-treinamento e pós-treinamento), e o segundo é o fator interindividual, o método de treinamento (A e B). O estudo longitudinal minimiza o efeito de fatores de confusão ao utilizar o indivíduo como seu próprio controle. Se, ao contrário de medidas repetidas, por exemplo, dois grupos distintos de indivíduos forem avaliados antes e depois do treinamento, então a eficácia dos métodos pode ser confundida com algum viés de seleção, tal como selecionar um grupo majoritariamente mais experiente no pós-treinamento. Outra vantagem é a redução no tamanho de amostra, benefício que se torna ainda maior dependendo do nível de correlação entre as observações intraindividuais.

2) Uma operadora de TV a cabo vai lançar um novo *layout* para seu serviço de *streaming* e deseja monitorar a avaliação dos clientes de modo longitudinal. Isso será feito da seguinte forma: clientes serão selecionados aleatoriamente e responderão um questionário de satisfação em 3 instantes de tempo: antes da implementação do novo serviço, 3 meses e 6 meses depois. Além dos itens relacionados à satisfação de clientes, as covariáveis sexo ao nascer, idade e renda serão investigadas no início do estudo. Em cada instante de tempo, um escore de avaliação geral em uma escala de dez pontos será utilizado como variável resposta. A hipótese de pesquisa da operadora é a de que a avaliação média dos assinantes aumentará com a implementação do novo serviço.

   No desenho desse experimento, não há um fator inter-individual a ser controlado. O foco da análise está no fator intraindividual, que, agora, tem três níveis (pré-lançamento, 3 meses e 6 meses pós-lançamento). A inclusão das covariáveis pode aumentar o poder de explicação do modelo caso elas estejam relacionadas com a variável dependente.

Neste capítulo, introduzimos a formulação para lidar com dados longitudinais. A variável dependente (ou resposta) Y é medida repetidamente em cada unidade de análise. O propósito dessa repetição pode ser, por exemplo, acompanhar o aumento nos valores de Y no decorrer do tempo ou monitorar a mudanças dos valores de Y quando a unidade de análise é submetida à diferentes condições experimentais. Dessa forma, cada unidade de análise está associada a um vetor $Y_i = (Y_{i1}, Y_{12}, ..., Y_{iT})$, em que Y_{ij} corresponde à j-ésima repetição feita na i-ésima unidade de análise. Abordaremos de modo prioritário o caso em que essa repetição ocorre no decorrer do tempo, razão por que esses modelos são chamados de *longitudinais*. Porém, os modelos a serem discutidos neste capítulo podem ser aplicados em outras situações que envolvem medidas repetidas.

O exemplo mais simples de dados longitudinais ocorre quando há dois instantes de tempo somente e, por consequência, temos um vetor de variáveis $Y_i = (Y_{i1}$ e $Y_{i2})$ associado a cada i-ésima unidade de análise. Esse é o clássico caso de dados pareados que frequentemente são reduzidos a diferenças $\Delta_i = Y_{i1} - Y_{i2}$. Hipóteses, em geral, são testadas para a média populacional de Δ_i.

5.2 Modelos gaussianos de efeitos mistos

O aspecto longitudinal é incorporado nos modelos lineares gaussianos (caso particular dos modelos GLM) com a inclusão dos chamados *efeitos aleatórios*. Vamos considerar o caso em que temos apenas medidas repetidas no decorrer do tempo, sem que haja o interesse em estudar os efeitos de outras variáveis explicativas.

Nesse caso, o modelo mais simples, que inclui somente efeitos fixos relacionados ao fator tempo, pode ser escrito conforme a equação a seguir.

Equação 5.1

$$Y_{ij} = \beta_0 + \beta_1 t_j + \varepsilon_{ij}$$

Na Equação 5.1, há T repetições $j \in \{1, 2, ..., T\}$, e $\varepsilon_i = (\varepsilon_1, \varepsilon_2, ..., \varepsilon_T)$ é um vetor de variáveis normalmente distribuídas com vetor de médias igual a zero e matriz de covariância $\Sigma_i = \sigma^2 I_{TxT}$. Nesse modelo, consideramos que todas a unidades de análise apresentam em Y a mesma tendência linear no decorrer do tempo, ou seja, a variação interindividual nas trajetórias temporais não existe. Outra suposição feita por esse modelo é a de que a matriz de covariância é diagonal com elementos σ^2, sendo a mesma matriz para todas as unidades de análise. Ao remover a tendência linear temporal, o vetor $\hat{Y}_i = E[Y_i \mid t_i]$ é composto de variáveis independentes. Esse modelo considera que os efeitos do tempo são fixos, não sujeitos a variações interindividuais. Em muitas aplicações, esse pressuposto não é compatível com o comportamento observado nos dados. Os dados simulados no Gráfico 5.1, para T = 5, mostram um cenário em que as trajetórias longitudinais da variável resposta diferem nas unidades de análise. O intercepto e o coeficiente angular são afetados pela variação interindividual.

Gráfico 5.1 – Simulação de 50 trajetórias longitudinais

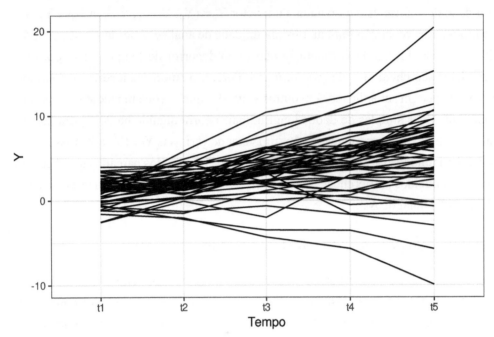

O Gráfico 5.1 ilustra uma situação em que cada unidade está associada ao seu próprio intercepto e coeficiente angular e, portanto, faz mais sentido representar o modelo proposto na Equação 5.1 como o descrito na Equação 5.2:

Equação 5.2

$$Y_{ij} = \left(\beta_0 + b_{0i}\right) + \left(\beta_1 + b_{1i}\right)t_j + \varepsilon_{ij}$$

O modelo misto incorpora, além dos efeitos fixos, os efeitos aleatórios por intermédio das variáveis $b_{0i} \sim \text{Normal}(0, \sigma_{b_0}^2)$ e $b_{1i} \sim \text{Normal}(0, \sigma_{b_1}^2)$. Assume-se que os componentes do vetor de efeitos aleatórios $b_i = \left(b_{0i}, b_{1i}\right)$ são não correlacionados entre si. Outra suposição é a de que os efeitos aleatórios b_i não estão correlacionados com a componente ε_i. As variâncias $\sigma_{b_0}^2$ e $\sigma_{b_1}^2$ descrevem as variações interindividuais no intercepto e no coeficiente angular das trajetórias longitudinais, respectivamente.

A formulação na Equação 5.2 induz a correlação entre as variáveis do vetor de respostas longitudinais $Y_i = (Y_{i1}, Y_{i2}, ..., Y_{iT})$. Para entender esse fato, examinaremos a situação em que T = 2 e, sem perda de generalidade, $t_1 = 0$ e $t_2 = 1$. Desse modo, a especificação do modelo na Equação 5.2 é equivalente a descrever dois modelos univariados, descritos nas Equações 5.3 e 5.4:

Equação 5.3

$$Y_{i1} = \beta_0 + b_{0i} + \varepsilon_{i1}$$

Equação 5.4

$$Y_{i2} = (\beta_0 + b_{0i}) + (\beta_1 + b_{1i}) + \varepsilon_{i2}$$

Assim, temos as suposições do modelo: $Var(Y_{i1}) = \sigma_{b_0}^2 + \sigma^2$ e $Var(Y_{i2}) = \sigma_{b_0}^2 + \sigma_{b_1}^2 + \sigma^2$. Podemos verificar também que $Cov(Y_{i1}, Y_{i2}) = \sigma_{b_0}^2$, e, portanto, o vetor é composto de variáveis correlacionadas.

5.2.1 Representação matricial do modelo

Os modelos mistos são apresentados matricialmente conforme a equação a seguir:

Equação 5.5

$$Y_i = X_i\beta + Z_i b + \varepsilon_i$$

Nessa representação, X_i e Z_i são chamadas de *matrizes do desenho* com dimensões $T \times p$ e $T \times q$. Na Equação 5.5, β é o vetor de dimensão $p \times 1$ de efeitos fixos e *b* representa o vetor de q efeitos aleatórios com média 0 e matriz de variância e covariância D. A componente aleatória ε_i tem matriz de covariância Σ_i.

Ao assumirmos normalidade e independência entre *b* e ε_i, temos a distribuição normal multivariada, $Y_i \sim Normal(X_i\beta, V_i)$, em que $V_i = Z_i D Z_i^T + \sum i$.

Para ilustrar a representação matricial, escrevemos o modelo que se apresenta nas Equações 5.3 e 5.4 da seguinte forma:

$$\begin{bmatrix} Y_{i1} \\ Y_{i2} \end{bmatrix} = \begin{bmatrix} 1 & 0 \\ 1 & 1 \end{bmatrix} \times \begin{bmatrix} \beta_0 \\ \beta_1 \end{bmatrix} + \begin{bmatrix} 1 & 0 \\ 1 & 1 \end{bmatrix} \times \begin{bmatrix} b_0 \\ b_1 \end{bmatrix} + \begin{bmatrix} \varepsilon_1 \\ \varepsilon_2 \end{bmatrix}$$

Nesse modelo, temos que:

$$\begin{bmatrix} Y_{i1} \\ Y_{i2} \end{bmatrix} \sim Normal\left(\begin{bmatrix} \beta_0 \\ \beta_0 + \beta 1 \end{bmatrix}, \begin{bmatrix} \sigma_{b_0}^2 + \sigma^2 & \sigma_{b_0}^2 \\ \sigma_{b_0}^2 & \sigma_{b_0}^2 + \sigma_{b_1}^2 + \sigma^2 \end{bmatrix} \right)$$

E a matriz de variância e covariância de Y_i é decomposta como sendo:

$$V_i = \begin{bmatrix} 1 & 0 \\ 1 & 1 \end{bmatrix} \times \begin{bmatrix} \sigma_{b_0}^2 & 0 \\ 0 & \sigma_{b_1}^2 \end{bmatrix} \times \begin{bmatrix} 1 & 1 \\ 0 & 1 \end{bmatrix} + \begin{bmatrix} \sigma^2 & 0 \\ 0 & \sigma^2 \end{bmatrix}$$

Esse exemplo matricial simplifica a compreensão do modelo de efeitos mistos.

5.2.2 Inferência por verossimilhança

Nos modelos mistos, a inferência por máxima verossimilhança não resulta em uma forma analítica fechada em virtude da presença dos parâmetros na matriz de variância e covariância. O interesse principal está na estimação dos efeitos fixos β, porém existe um conjunto de parâmetros de confusão α que estão relacionados com os efeitos aleatórios e a variância dos erros. Laird e Ware (1982) propuseram estimar β condicional a estimativas de α, o que resultaria em:

Equação 5.6

$$\hat{\beta}(\alpha) = \left(\sum_{i=1}^{n} X_i^T V_i^{-1} X_i \right)^{-1} \sum_{i=1}^{n} X_i^T V_i^{-1} Y_i$$

Um método utilizado para a estimação das variâncias dos efeitos aleatórios é o de máxima verossimilhança restrita (REML), também conhecido como *verossimilhança dos resíduos*, pois sua implementação implica remover os efeitos fixos da função de verossimilhança. Esse método fornece estimativas não viesadas dos componentes de variância do modelo descrito na Equação 5.5, sendo descrito em Patterson e Thompson (1971) e implementado nas funções lme e lmer que estão presentes, respectivamente, nos pacotes *nlme* e *lme4* do *software* R.

5.2.3 Recursos computacionais

No programa R, os modelos de efeitos mistos para dados gaussianos estão implementados em vários pacotes, entre os quais se destacam os pacotes *nlme* e *lme4*. Ilustramos, a seguir, o uso dos pacotes com os dados simulados conforme o padrão apresentado no Gráfico 5.1.

Primeiramente, são simulados os dados, escolhendo o intercepto e o coeficiente angular com valores iguais a 1, os efeitos aleatórios da normal bivariada com média 0 e matriz de variância e covariância diagonal e variância igual a 1 para cada um dos efeitos aleatórios.

Código de programação no R

```
# Simulando dados do Gráfico 5.1————————————————————————
> require(tidyverse)# pacote para organização de dados
> require(reshape2)# pacote para organização de dados
> set.seed(220122) # fixando uma semente para geração de dados
> n=50 # tamanho de amostra
> b0=1 # intercepto
> b1=1 # coeficiente angular
> y=matrix(0,ncol=5,nrow=n)
> for(i in 1:n){
+ ef.al = mvtnorm::rmvnorm(1,mean=c(0,0),sigma=matrix(c(1,0,0,1),ncol = 2))
+ b0i = ef.al[1,1] # efeito aleatório no intercepto
+ b1i = ef.al[1,2] # efeito aleatório no coeficiente angular
+
+ y[i,1] = b0+b0i+rnorm(1)
+ y[i,2] = b0+b0i+b1+b1i+rnorm(1)
+ y[i,3] = b0+b0i+2*(b1+b1i)+rnorm(1)
+ y[i,4] = b0+b0i+3*(b1+b1i)+rnorm(1)
+ y[i,5] = b0+b0i+4*(b1+b1i)+rnorm(1)
+
+ }
> colnames(y) = c('t0','t1','t2','t3','t4')
> y = y %>% data.frame() %>% mutate(SUBJID =1:n)
> simdata = reshape2::melt(y,id.vars='SUBJID',value.name = 'y',variable.name
= 'time')
```

A aplicação dos modelos de efeitos mistos com o pacote *nlme* demanda a especificação dos efeitos aleatórios pelo uso do parâmetro random. No exemplo a seguir, define-se que o intercepto e o coeficiente angular têm efeitos aleatórios, sendo que o tempo já havia sido definido como efeito fixo.

Programação no R com pacote *nlme*

```
> require(nlme) # pacote utilizado
> simdata = simdata %>% mutate(time=as.numeric(gsub('t','',time)) # time
como variável numérica
> fit.nlme<-lme(y~time,random = ~1+time|SUBJID,data=simdata)
> fit.nlme
Linear mixed-effects model fit by REML
 Data: simdata
 Log-restricted-likelihood: -480
 Fixed: y ~ time
(Intercept) time
 1.05 1.13
Random effects:
 Formula: ~1 + time | SUBJID
 Structure: General positive-definite, Log-Cholesky parametrization
 StdDev Corr
(Intercept) 1.12 (Intr)
time 1.10 0.085
Residual 1.03
Number of Observations: 250
Number of Groups: 50
```

Alternativamente, podemos utilizar a função *lmer* presente no pacote *lme4* para estimar o mesmo modelo, porém com uma sintaxe diferente.

Programação no R com pacote *lme4*

```
> require(lme4)
> fit.lme4<-lmer(y~(time)+(time|SUBJID),data=simdata)
> fit.lme4
Linear mixed model fit by REML ['lmerMod']
Formula: y ~ (time) + (time | SUBJID)
 Data: simdata
REML criterion at convergence: 960
Random effects:
 Groups Name Std.Dev. Corr
 SUBJID (Intercept) 1.12
 time 1.10 0.09
 Residual 1.03
```

Number of obs: 250, groups: SUBJID, 50
Fixed Effects:
(Intercept) time
 1.05 1.13

As saídas computacionais mostram iguais estimativas para os efeitos fixos, intercepto e coeficiente angular iguais a 1,05 e 1,13, respectivamente.

5.3 Modelos não gaussianos

Ao trabalhar com dados não gaussianos, perdemos toda a facilidade inferencial proporcionada pela distribuição normal multivariada, que é totalmente definida pelos dois primeiros momentos: a média e a variância-covariância. A correlação entre duas variáveis com distribuição gaussiana também está bem caracterizada pelo coeficiente de correlação linear de Pearson, função dos elementos da matriz de variância e covariância. Não se encontram paralelos aplicáveis para as variáveis categóricas. A correlação, por exemplo, pode ser medida por diversas métricas (p. ex., a razão de chances). Isso contribui para que haja uma diversidade de modelos propostos para modelar dados longitudinais a partir de dados categóricos. Os métodos de estimação são mais sofisticados e dependem não somente do modelo especificado, mas também da disponibilidade de programas computacionais. Molenberghs e Verbeke (2005) categorizam as abordagens existentes para dados não gaussianos em três grupos, quais sejam: modelos marginais, modelos condicionais e modelos sujeito-específico.

Duas abordagens são comuns para lidar com dados categóricos longitudinais: os modelos lineares generalizados de efeitos mistos (GLMM, do inglês *Generalized Linear Mixed Model*) e os modelos GLM com parâmetros estimados por equações de estimação generalizada (GEE, do inglês *Generalized Estimating Equations*). Os objetivos de cada análise são diferentes. Nos modelos GLMM, modelos individuais são construídos permitindo diferentes interceptos e coeficientes para os indivíduos. Os modelos GLM estimados por GEE, por outro lado, procuram a resposta média da população, assumindo uma estrutura de correlação para as variáveis dependentes.

5.3.1 Modelos GLMM (efeitos mistos)

O modelo linear generalizado com efeitos mistos é talvez a forma mais utilizada para a modelagem de dados longitudinais categóricos. Isso se justifica pelo fato de ser uma extensão da classe GLM e pela disponibilidade de pacotes computacionais para a sua implementação. A formulação desse modelo segue aquela apresentada na Equação 5.5 para os modelos gaussianos, sendo agora estendida para a família exponencial.

Desse modo, considere Y_i o vetor de dimensão T_i com as medidas longitudinais para a variável resposta. Ao condicionar a variável Y_i a um conjunto de efeitos aleatórios b_i, podemos escrever a densidade de cada elemento y_{ij} conforme a Equação 5.7:

Equação 5.7

$$f_i\left(y_{ij} \mid b_i, \beta, \phi\right) = \exp\left\{\phi^{-1}\left[y_{ij}\theta_{ij} - \psi\left(\theta_{ij}\right)\right] + c\left(y_{ij}, \phi\right)\right\}$$

Consideramos que há uma função de ligação conhecida que conecta o valor esperado de cada variável Y_{ij} a um conjunto de variáveis explicativas x_{ij} e efeitos aleatórios:

Equação 5.8

$$\eta\left(\mu_{ij}\right) = x_{ij}^T\beta + z_{ij}^T b_i$$

Na Equação 5.8, assumimos que os efeitos aleatórios têm distribuição multivariada normal com vetor de médias igual a zero e matriz de covariância D.

Inferência por máxima verossimilhança

Os modelos de efeitos mistos podem ser estimados pela maximização da verossimilhança marginal, que é obtida depois de integrar a verossimilhança sobre o espaço dos vetores aleatórios. Isso significa trabalhar com a função de verossimilhança do modelo marginal $f_i\left(y_{ij} \mid b_i, \beta, \phi\right)$. O modelo marginal é obtido conforme a Equação 5.9:

Equação 5.9

$$f_i\left(y_{ij} \mid b_i, \beta, \phi\right) = \int \prod_{j=1}^{T} f_i\left(y_{ij} \mid b_i, \beta, \phi\right) f\left(b_i \mid D\right) db_i$$

Depois de integrar os efeitos aleatórios, a verossimilhança é escrita em função dos parâmetros β, D e ϕ:

Equação 5.10

$$L(\beta, D, \phi) = \prod_{i=1}^{n} f_i\left(y_i \mid \beta, D, \phi\right)$$

Entretanto, dependendo da especificação do modelo e da distribuição de Y_{ij}, resolver a integral na Equação 5.9 pode ser um problema complexo e, possivelmente, sem solução analítica. Esse problema é resolvido por métodos numéricos, e, neste livro, abordaremos os métodos implementados no programa R.

Tal como nos modelos gaussianos, os componentes da variância também podem ser estimados por maximização da verossimilhança restrita (REML, do inglês *Restricted Maximum Likelihood*) como reportado em Noh e Lee (2007).

5.4 Equações de estimação generalizada

A distribuição normal multivariada não encontra um paralelo para os dados categóricos. Portanto, toda a estrutura de inferência estatística aplicada para respostas gaussianas fica seriamente comprometida ao analisar dados categóricos. Na maioria das aplicações, o interesse está no comportamento médio da variável, ou seja, no primeiro momento populacional. Em um estudo longitudinal sobre a eficácia de um medicamento, estamos interessados na proporção média de indivíduos que não mais apresentam sintomas em determinados instantes de tempo. Em uma pesquisa eleitoral no decorrer do tempo, o interesse reside na proporção de eleitores de um certo candidato nos meses que antecedem o pleito eleitoral. Em dados longitudinais, também estamos interessados em alguma estrutura de associação entre os elementos do vetor Y_i. A metodologia de equações de estimação generalizada (GEE) enfoca a estimação do perfil médio da população. No caso particular em que as variáveis do vetor longitudinal são independentes e normalmente distribuídas, as estimativas GEE coincidem com as obtidas por mínimos quadrados ordinários. As estimativas fornecidas por esses métodos são consistentes mediante algumas condições impostas na estrutura de dependência entre as variáveis do vetor longitudinal. Uma das limitações da abordagem GEE é que ela é incapaz de lidar com valores faltantes, muito comuns em estudos longitudinais.

Uma das características da distribuição gaussiana é que ela é completamente especificada pela média e a variância. Isso não vai ocorrer ao lidarmos com variáveis categóricas e, portanto, algumas suposições simplificadoras são feitas. Assumimos que as equações de estimação generalizada seguem o padrão da equação escore para a distribuição normal multivariada, conforme indica a Equação 5.11:

Equação 5.11

$$S(\beta) = \sum_{i=1}^{n} \frac{\partial \mu_i}{\partial \beta^T} \left(A_i^{1/2} R_i A_i^{1/2} \right)^{-1} \left(y_i - \mu_i \right) = 0$$

Em que R_i é matriz de correlação para a i-ésima observação do vetor longitudinal obtida a partir da decomposição da matriz de variância e covariância $V_i = A_i^{1/2} R_i A_i^{1/2}$.

Uma simplificação que torna menos complexa a estimação dos parâmetros no modelo longitudinal é assumir que essa estrutura de correlação seja a mesma para todas as unidades observadas, ou seja R_i - R. Outra suposição feita é sobre a estrutura de correlação entre os elementos de Y_i.

Suponha que o estudo é feito sobre 3 instantes de tempo, ou seja, o vetor longitudinal é dado por $Y_i = (Y_{i1}, Y_{i2}, Y_{i3})$. Nesse caso, apresentamos algumas das estruturas de correlação utilizadas para R que são disponibilizadas em diversos programas computacionais.

- Matriz independente:

$$R = I_{3 \times 3} = \begin{bmatrix} 1 & 0 & 0 \\ 0 & 1 & 0 \\ 0 & 0 & 1 \end{bmatrix}$$

- Matriz de correlação permutável:

$$R = \begin{bmatrix} 1 & \rho & \rho \\ \rho & 1 & \rho \\ \rho & \rho & 1 \end{bmatrix}$$

- Matriz de correlação autoregressiva:

$$R = \begin{bmatrix} 1 & \rho & \rho^2 \\ \rho & 1 & \rho \\ \rho^2 & \rho & 1 \end{bmatrix}$$

- Matriz de correlação não estruturada:

$$R = \begin{bmatrix} 1 & \rho_{12} & \rho_{13} \\ \rho_{21} & 1 & \rho_{23} \\ \rho_{31} & \rho_{32} & 1 \end{bmatrix}$$

As estruturas de correlação dessas matrizes estão ordenadas por complexidade. A **matriz independente** é o caso mais simples de lidar, já que os elementos do vetor Y_i são independentes entre si e, portanto, a matriz de correlação é diagonal. Se houver independência, toda estrutura apresentada no Capítulo 4 pode ser aplicada, sem necessidade de incorporar efeitos aleatórios. A **matriz de correlação permutável** assume igual correlação para quaisquer pares de variáveis selecionadas do vetor Y_i. A **matriz de correlação autoregressiva** supõe que a correlação decresce exponencialmente a medida em que as variáveis se afastam no decorrer do tempo. Por último, a **matriz não estruturada** tem a vantagem de não impor uma estrutura de correlação, porém o preço a ser pago está no aumento do número de parâmetros a serem estimados, que será proporcional à dimensão do vetor Y_i.

Tabela 5.1 – Estimadores dos parâmetros da matriz de correlação

Estrutura	Corr(Y_{ij}, Y_{ik})	Estimador
Independente	0	
Permutável	ρ	$\rho_{jk} = \dfrac{1}{n} \displaystyle\sum_{i=1}^{n} \dfrac{1}{T(T-1)} \sum_{j \neq k} e_{ij} e_{ik}$
AR(1)	$\rho^{\lvert j-k \rvert}$	$\rho_{jk} = \dfrac{1}{n} \displaystyle\sum_{i=1}^{n} \dfrac{1}{T-1} \sum_{j \leq T-1} e_{ij} e_{i,\,j+1}$
Não estruturada	ρ_{jk}	$\rho_{jk} = \dfrac{1}{n} \displaystyle\sum_{i=1}^{n} e_{ij} e_{ik}$

Os estimadores dos parâmetros de correlação foram propostos em Liang e Zeger (1986) para os resíduos definidos conforme a equação 5.12,

Equação 5.12

$$e_{ij} = \frac{y_{ij} - \mu_{ij}}{\sqrt{v(\mu_{ij})}}$$

Liang e Zeger (1986) propuseram um modo de estimar em duas etapas os elementos de R e β. Nessa proposta, adota-se uma estrutura de correlação e, mesmo que não seja a verdadeira, ainda assim mostra-se que o estimador $\hat{\beta}$ é consistente e normalmente distribuído sob condições de regularidade que não são tão estritas. As etapas de estimação dos parâmetros seguem os passos descritos a seguir.

1. Obtém-se para β uma estimativa inicial $\beta^{(0)}$ ajustando um modelo GLM para cada componente de Y_i.
2. Escolhe-se uma estrutura de correlação e estima-se os resíduos de Pearson conforme a Tabela 5.1.
3. Com base nessas estimativas, é possível calcular a matriz $R_i(\alpha)$ e V_i.
4. Atualiza-se a estimativa de β do seguinte modo:

Equação 5.13

$$\beta^{(t+1)} = \beta^{(t)} - \left[\sum_{i=1}^{n}\left(\frac{\partial\mu_i}{\partial\beta^T}\right)V_i^{-1}\left(\frac{\partial\mu_i}{\partial\beta^T}\right)^T\right] \times \left[\sum_{i=1}^{n}\left(\frac{\partial\mu_i}{\partial\beta^T}\right)V_i^{-1}\left(y_i - \mu_i\right)\right]$$

Conforme o algoritmo ora apresentado, repetem-se os passos de 2 a 4 até que haja convergência na estimação de β. Uma das vantagens do método de estimação GEE é que ele é robusto em relação às escolhas para a estrutura de correlação. Isso significa que, mesmo que a especificação de R esteja incorreta, o estimador dos efeitos fixos ainda apresenta boas propriedades.

5.5 Aplicações com o uso do R

Exploraremos as aplicações do ambiente de programação estatística R na análise de dados categóricos repetidos ou longitudinais. O R é amplamente utilizado na ciência de dados e na estatística, oferecendo flexibilidade e pacotes específicos para essa análise. Abordaremos conceitos fundamentais, como a estrutura adequada dos dados, medidas de associação e tendência, e a importância de considerar a correlação entre observações ao longo do tempo. Apresentaremos técnicas estatísticas e gráficas disponíveis no R para explorar, visualizar e interpretar informações em dados longitudinais categóricos. Exemplos de estudos práticos serão fornecidos, destacando etapas-chave da análise e vantagens e desafios do uso do R nesse contexto. Essa abordagem é crucial para revelar padrões e comportamentos ao longo do tempo, fornecendo informações valiosas para diversas áreas, como saúde, comportamento humano, economia, epidemiologia e meio ambiente.

5.5.1 Conjunto de dados: conflitos em casais

Vamos apresentar uma aplicação de modelagem de dados categóricos longitudinais utilizando o exemplo descrito em Bolger e Laurenceau (2013). Nesse estudo, 102 casais foram monitorados durante 28 dias e forneceram informações relacionadas a comportamento. Diariamente, duas medidas foram realizadas em cada membro do casal. Pela manhã, registrou-se o nível de irritabilidade em uma escala de 0 a 10 (0 – não houve irritação, 10 – nível máximo de irritação) e, na noite do mesmo dia, registrou-se reclamação (0 – não houve reclamação, 1 – houve reclamação). O objetivo da análise longitudinal é relacionar a reclamação noturna do parceiro com o mau-humor matinal da parceira.

Descarregando os dados em seu computador, é possível utilizá-los no R. Após obter os dados que estão disponíveis gratuitamente, haverá um arquivo chamado *categorical. csv*, que contém uma tabela de dados associada ao exemplo dado.[1]

---

1   Esse conjunto de dados pode ser obtido no seguinte *link*: <http://www.intensivelongitudinal.com/ch6/ch6index.html>. Acesso em: 14 jul. 2023.

A seguir, apresentamos a saída computacional do programa R, que mostra as variáveis mais importantes desse conjunto de dados.

Saída computacional usando o programa R

```
> library(data.table) # pacote para tabulação
> library(tidyverse) # pacote para organização de dados
> casal <- as.data.frame(fread("categorical.csv")) # leitura do arquivo com
dados dos casais
? casal %>% dplyr::select(id, time, pconf,amang)%>%head() # exibição das
primeiras linhas do conjunto de dados
 id time pconf amang
1 1 2 0 0.4166667
2 1 3 0 0.0000000
3 1 4 0 0.0000000
4 1 5 0 0.0000000
5 1 6 1 0.0000000
6 1 7 0 0.0000000
```

Logo, verificam-se as variáveis de interesse para o modelo estatístico, que são o identificador (id) do casal, o dia da observação (time), a variável indicadora de reclamação noturna por parte do parceiro (pconf) e a variável nível de irritabilidade da parceira (amang), que é a média de 3 itens que avaliam irritabilidade em um questionário. A variável amang é escalonada para assumir valores no intervalo (0 – não há irritabilidade e 10 – máxima irritabilidade).

Ajustamos um modelo de efeitos mistos com a função *lmer* presente no pacote *lme4* utilizando *pconf* como variável dependente, *time* e *amang* como variáveis explicativas. O efeito fixo está relacionado com o nível de irritabilidade (*amang*) e o tempo (*time*). O efeito aleatório é adicionado para o intercepto.

Saída computacional usando o programa R

```
> catmodel <- lmer(pconf ~ amang + time +(1 | id),data = casal)
> summary(catmodel)
 Linear mixed model fit by REML ['lmerMod']
 Formula: pconf ~ amang + time + (1 | id)
 Data: casal
 REML criterion at convergence: 994.6
 Scaled residuals:
```

```
   Min      1Q    Median    3Q     Max
 -1.0338  -0.4724  -0.3375  -0.2058  2.8361


Random effects:
Groups Name Variance Std.Dev.
id (Intercept) 0.005858 0.07654
Residual 0.116651 0.34154
Number of obs: 1345, groups: id, 61
Fixed effects:
          Estimate Std. Error t value
(Intercept) 0.186380 0.022734 8.198
amang        0.026454 0.008841 2.992
time        -0.003540 0.001214 -2.915


Correlation of Fixed Effects:
(Intr) amang
amang -0.198
time -0.774 0.009
```

5.5.2 Conjunto de dados: epilepsia

Um experimento clínico foi realizado no qual pacientes com epilepsia foram randomizados em dois grupos de estudo. O primeiro grupo recebeu uma droga antiepilética chamada *Progabide*, enquanto o segundo grupo recebeu um tratamento padrão que incluía um placebo e quimioterapia. A variável dependente nesse estudo é o número de convulsões sofridas pelo paciente monitorada em 5 intervalos de tempo de duas semanas. O primeiro intervalo de tempo serviu como linha de base e nele os pacientes não receberam tratamento, sendo apenas monitorado o número de convulsões. A contagem de convulsões anotada na linha de base serviu apenas como referência para cada paciente, podendo ser incluída dos modelos longitudinais como uma covariável. O interesse nesse estudo é determinar se o número de convulsões decresce no decorrer do tempo no grupo tratado com Progabide comparativamente ao grupo placebo.

Esse conjunto de dados está presente no pacote HSAUR do programa R e pode ser obtido com os seguintes comandos:

Comandos no programa R

```
> library(HSAUR)
> data(epilepsy)
```

O comando a seguir verifica quais são as primeiras linhas deste conjunto de dados:

Comandos no programa R

```
> head(epilepsy)
treatment base age seizure.rate period subject
1 placebo 11 31 5 1 1
110 placebo 11 31 3 2 1
112 placebo 11 31 3 3 1
114 placebo 11 31 3 4 1
2 placebo 11 30 3 1 2
210 placebo 11 30 5 2 2
```

Conforme a saída ora descrita, a variável *treatment* indica o tratamento recebido; a variável *base* apresenta contagem de convulsões na linha de base; *age* é a idade do paciente; *seizure.rate* é a variável principal com a contagem de convulsões; *period* é a variável contendo informação sobre o período de tempo; e *subject* é o identificador de cada participante do experimento clínico.

Vamos aplicar a esse conjunto de dados um modelo linear generalizado com efeitos mistos, porém a estimação será feita pelo método GEE. Vamos assumir para o número de convulsões um modelo de Poisson. Os comandos a seguir são utilizados para a modelagem dos dados.

Modelagem dos dados no programa R

```
> library(geepack) # pacote para equações de estimação generalizada
> library(tidyverse) # pacote para organização dos dados
> epilepsia = epilepsy %>% mutate(period = as.numeric(period)) # trans-
formando o periodo como variavel numérica
> mf = formula(seizure.rate ~ treatment + period)
> modelo.epi = geeglm(mf, id = subject, data = epilepsy.new,family='pois
son',corstr="ar1")
> summary(modelo.epi)
geeglm(formula = mf, family = "poisson", data = epilepsy.new,
 id = subject, corstr = "ar1")

 Coefficients:
                 Estimate Std.err Wald Pr(>|W|)
(Intercept)        2.3134 0.2032 129.66 <2e-16 ***
treatmentProgabide -0.1060 0.3853 0.08 0.783
period             -0.0660 0.0346 3.64 0.056 .
```

```
---
Signif. codes: 0 '***' 0.001 '**' 0.01 '*' 0.05 '.' 0.1 ' ' 1
Correlation structure = ar1
Estimated Scale Parameters:
 Estimate Std.err
(Intercept) 18.8 9.03
 Link = identity
Estimated Correlation Parameters:
 Estimate Std.err
alpha 0.894 0.0605
Number of clusters: 59 Maximum cluster size: 4
```

5.5.3 Conjunto de dados: tratamento de onimicose na unha do pé

Backer et al. (1996) descreveram um estudo randomizado, duplo-cego de grupos para-lelos e multicêntrico para o tratamento de dermatofitia onicomicose na unha do pé (TDO). O estudo compara dois tratamentos orais, codificados como tratamento A e B para TDO, um tipo comum de infeção na unha do pé, que se mostra difícil de tratar e os componentes antifúngicos para esse tratamento normalmente demoram até que a unha cresça totalmente saudável novamente. O desenvolvimento de novos componentes antifúngicos reduziu a duração do tratamento para três meses. O objetivo do estudo é comparar a eficácia e segurança do tratamento contínuo durante 12 semanas (3 meses) do tratamento A com o tratamento B. Foram randomizados pacientes em cada grupo distribuídos em 36 centros, que foram acompanhados durantes 12 semanas (3 meses) de tratamento e depois até um total de 48 semanas (12 meses). Medidas foram feitas em baseline a cada mês durante o tratamento e, depois do tratamento, a cada 3 meses, resultando em um total de 7 medidas por indivíduo. Foram acompanhados 146 pacientes no grupo A e 148 pacientes no grupo B.

Um resultado importante nesse estudo foi a gravidade da infecção, codificada como 0 (não severo) ou 1 (severo). A questão de interesse era se a porcentagem de infecções severas diminuiu no decorrer do tempo e se essa evolução foi diferente para os dois grupos de tratamento. Um resumo contendo o número de pacientes no estudo em cada ponto de tempo e o número de pacientes com infecções severas é fornecido na tabela a seguir.

Tabela 5.2 – Frequência e porcentagem de pacientes com infecção na unha do pé para cada tratamento

	Grupo A			Grupo B		
	# Severo	N	%	# Severo	N	%
0	54	146	37,0%	55	148	37,2%
1 mês	49	141	34,7%	48	147	32,6%
2 mês	44	138	31,9%	40	145	27,6%
3 mês	29	132	22,0%	29	140	20,7%
6 mês	14	130	10,8%	8	133	6,0%
9 mês	10	117	8,5%	8	127	6,3%
12 mês	14	133	10,5%	6	131	4,6%

Fonte: Molenberghs; Verbeke, 2005, p. 11, tradução nossa.

Em estudos desse tipo, nem todos os pacientes têm observações em todos os instantes de tempo. A Tabela 5.3 mostra a frequência do número de observações feitas nos participantes, do que podemos constatar que 107 indivíduos no grupo A e 117 indivíduos no grupo B têm informações sobre a severidade da infecção em todos os instantes de tempo.

Tabela 5.3 – Número de medidas repetidas por indivíduos para cada instante no tempo e grupo de tratamento

# Obs.	Grupo A		Grupo B	
	N	%	N	%
1	4	3%	1	1%
2	2	1%	1	1%
3	4	3%	3	2%
4	2	1%	4	3%
5	2	1%	8	5%
6	25	17%	14	9%
7	107	73%	117	79%
Total	146	100%	148	100%

Fonte: Molenberghs; Verbeke, 2005, p. 11, tradução nossa.

Vamos construir um modelo para tentar responder à questão de interesse utilizando as informações presentes na Tabela 5.2. Como não temos os dados individuais, apenas agregados, vamos ajustar um modelo GLM de efeitos fixos para a variável binomial y_i: número de casos severos no tempo i dentre n_i casos observados. Esse modelo explica y_i em função do grupo de estudo (A e B) e o período de tempo (0, 1, 2, 3, 6, 9 e 12 meses). Note que, nesse modelo, não se especifica uma matriz de correlação ou efeitos aleatórios; a inclusão da variável período incorporará o aspecto temporal do estudo.

Entrada de dados e modelo no programa R

```
> convulsoes<- c(54,49,44,29,14,10,14,55,48,40,29,8,8,6)
> nobs<-c(146,141,138,132,130,117,133,148,147,145,140,133,127,131)
> grupo<-c(rep('A',7),rep('B',7))
> periodo<-rep(c(0,1,2,3,6,9,12),2)
>taxa.convulsoes<-cbind(convulsoes,nobs-convulsoes)
>ajuste<-glm(taxa.convulsoes~grupo+periodo,family=binomial) # ajuste do
modelo glm
>summary(ajuste)
glm(formula = taxa.convulsoes ~ grupo + periodo, family = binomial)
Deviance Residuals:
  Min    1Q   Median   3Q    Max
-2.6099 -0.4384 0.0924 0.6342 2.6879
Coefficients:
  Estimate Std. Error    z     value   Pr(>|z|)
(Intercept)    -0.4600 0.0970   -4.74    2.1e-06 ***
grupoB         -0.1861 0.1163   -1.60    0.11
periodo        -0.2106 0.0192   -10.99  < 2e-16 ***
---
Signif. codes: 0 '***' 0.001 '**' 0.01 '*' 0.05 '.' 0.1 ' ' 1
(Dispersion parameter for binomial family taken to be 1)
 Null deviance: 183.92 on 13 degrees of freedom
Residual deviance: 19.30 on 11 degrees of freedom
AIC: 91.25
Number of Fisher Scoring iterations: 4
```

Conforme a saída computacional do R, é possível verificar que há uma tendência decrescente significativa do número de infecções severas. Contudo, não há evidência de diferença entre os grupos A e B (p-valor = 0,11).

Para saber mais

Para compreender melhor as origens dos modelos discutidos neste capítulo, recomendamos a leitura dos desenvolvimentos teóricos apresentados em:

LAIRD, N. M.; WARE, J. H. Random-Effects Models for Longitudinal Data. **Biometrics**, v. 38, n. 4, p. 963-974, Dec. 1982. Disponível em: <doi.org/10.2307/2529876>. Acesso em: 24 maio 2023.

LIANG, K-Y.; ZEGER, S. L. Longitudinal Data Analysis Using Generalized Linear
Models. **Biometrika**, v. 73, n. 1, p. 13-22, Apr. 1986. Disponível em: <doi.org/
10.1093/biomet/73.1.13>. Acesso em: 24 maio 2023.

Os autores Molenberghs e Verbeke apresentam a mais completa compilação de exemplos e métodos para análise de dados longitudinais em:

MOLENBERGHS, G.; VERBEKE, G. **Models for Discrete Longitudinal Data**. New
York: Springer, 2005.

Recursos no programa R são descritos em:

LONG, J. D. **Longitudinal Data Analysis for the Behavioral Sciences Using R**.
Thousand Oaks, CA, EUA: Sage, 2012.

Confira um material inovador, com recursos gráficos para acessar a adequação de modelos para dados longitudinais, em:

SINGER, J. M.; ROCHA, F. M. M.; NOBRE, J. S. Graphical Tools for Detecting
Departures from Linear Mixed Model Assumptions and Some Remedial Measures.
International Statistical Review, v. 85, n. 2, p. 290-324, Aug. 2017. Disponível em:
<doi.org/10.1111/insr.12178>. Acesso em: 24 maio 2023.

Síntese

Analisamos, neste capítulo, as medidas repetidas, englobando os conceitos apresentados para os modelos lineares generalizados (GLM). Ao medir repetidamente a variável dependente, cada unidade de análise estará associada a um vetor de variáveis que, em geral, serão correlacionadas. A estrutura de correlação pode ser incorporada no modelo de diferentes modos. O enfoque está nas abordagens que incluem efeitos aleatórios ou especificam uma estrutura de correlação a ser estimada separadamente da estrutura que descreve a média.

Questões para revisão

1) Na Subseção 5.5.1, para o problema de *conflitos em casais*, foi estimado um modelo de efeitos aleatórios no intercepto. Reproduza esse exemplo com o uso do GEE especificando uma matriz de correlação AR(1) e faça o que se pede a seguir:

   a. Compare as estimativas obtidas por esses dois modelos.
   b. Introduza efeitos aleatórios no coeficiente angular e compare a significância da variável explicativa irritabilidade matinal (amang).

c. Compare as mudanças nos efeitos fixos pela estimação GEE ao utilizar a matriz de correlação independente. Conforme o resultado, é importante incorporar estrutura de correlação?

2) Para o conjunto de dados *tratamento de onimicose na unha do pé*, descrito na Subseção 5.5.3, substitua o modelo binomial para o modelo de Poisson a fim de comparar o número de casos severos entre os grupos A e B.

3) Para os dados apresentados no quadro a seguir, a variável resposta *reflectância* é uma medida indireta de poluição atmosférica, sendo esta medida por 3 diferentes filtros em 9 instantes de tempo.

Quadro A – Reflectância como medida indireta de poluição atmosférica medida por 3 diferentes filtros em 9 períodos de tempo

Período	Filtro	Reflectância	Período	Filtro	Refletância
1	1	27,0	6	1	47,9
1	2	34,0	6	2	60,4
1	3	17,4	6	3	47,3
2	1	24,8	7	1	50,4
2	2	29,9	7	2	50,7
2	3	32,1	7	3	55,9
3	1	35,4	8	1	54,9
3	2	63,2	8	2	43,2
3	3	27,4	8	3	52,1
4	1	51,2	9	1	38,8
4	2	54,5	9	2	59,9
4	3	52,2	9	3	61,1
5	1	77,7			
5	2	53,9			
5	3	48,2			

Fonte: Singer; Rocha; Nobre, 2018, p. 142.

Para os dados do Quadro A, estime o modelo gaussiano de efeitos fixos para a variável resposta reflectância e, com base no modelo ajustado, responda às seguintes perguntas:

a. Qual o nível esperado da variável *reflectância* em cada instante de tempo?

b. Há diferença significativa entre os valores médios de reflectância obtidos nos diferentes filtros?

c. Qual o nível esperado da reflectância em cada instante de tempo se há um efeito aleatório de filtro?

4) Para o conjunto de dados *epilepsia*, apresentado na Subseção 5.5.2, ajuste o modelo de efeitos mistos, incluindo efeitos aleatórios no intercepto. Ajuste o modelo por máxima verossimilhança (MV) e máxima verossimilhança restrita (REML). Compare os resultados entre os diferentes métodos de estimação utilizados.

5) Analise as assertivas a seguir e indique V para as verdadeiras e F para as falsas.

( ) O método de estimação GEE pode ser aplicado em modelos de efeitos mistos para dados categóricos.

( ) Os estimadores do intercepto e do coeficiente angular na parte fixa do modelo de efeitos mistos são sempre não correlacionados.

( ) Modelos de efeitos mistos são modelos do tipo sujeito-específico.

Agora, assinale a alternativa que apresenta a sequência correta:

a. F, F, V.
b. V, F, F.
c. V, V, F.
d. V, F, V.

Questões para reflexão

1) Encontre a matriz de variância e covariância para Y_i, descrito nas Equações 5.3 e 5.4, para a situação em que a correlação entre os efeitos aleatórios b_0 e b_1 é igual a ρ.

2) Inspirando-se na simulação do modelo com efeitos aleatórios para o intercepto e o coeficiente angular descritos na Subseção 5.2.3, sugerimos repetir o experimento introduzindo uma estrutura de correlação para os efeitos aleatórios. Descreva as diferenças encontradas nessa nova simulação. Dica: simule os dados da normal bivariada com elementos não nulos para a matriz de variância e covariância.

Conteúdos do capítulo:

- Estudos pré-teste e pós-teste.
- Árvores de decisão.
- Análise exploratória de perfis.
- Configural Frequency Analysis (CFA).

Após o estudo deste capítulo, você será capaz de:

1. entender a diferença entre o coeficiente de correlação para variáveis contínuas e o coeficiente para variáveis binárias;
2. compreender a aplicação de árvores de classificação para associar variáveis dependentes categóricas e variáveis independentes de quaisquer naturezas;
3. aplicar ferramentas gráficas para distinguir padrões temporais em variáveis categóricas.
4. distinguir frequências típicas e atípicas em uma tabela de frequências de múltiplas entradas.

Análises complementares

A análise de dados categóricos e longitudinais está muito vinculada com o ajuste de modelos estatísticos que estendem as ideias do clássico modelo de regressão linear para variáveis com distribuição normal. A correlação linear de Pearson é uma estatística que ajuda a compreender esses modelos, entretanto, pouca ênfase é dada às medidas análogas para dados categóricos, principalmente em amostras correlacionadas. Por essa razão, incluímos, neste capítulo, uma seção de análise do tipo pré-teste e pós-teste para discutir esse tema. Hoje, com a maior disponibilidade de bases de dados e recursos computacionais, há um abundante número de técnicas exploratórias e de visualização para dados não contínuos. Neste capítulo, apresentaremos algumas dessas técnicas, como a construção de árvores de decisão, os gráficos de perfis e a análise CFA.

6.1 Estudos pré-teste e pós-teste

Ao lidar com variáveis contínuas, comparações do tipo pré-teste (antes) e pós-teste (depois) são realizadas com o uso do teste t para amostras pareadas. Se, além dessa comparação, também houver o interesse de comparar dois grupos experimentais, digamos, intervenção e controle, a ANOVA para medidas repetidas será o método mais utilizado.

Considere Y_{pre} e Y_{pos} duas variáveis normais e contínuas com variâncias σ^2_{pre} e σ^2_{pos}. O teste t para amostras pareadas pode ser visto como um teste para uma simples amostra de diferenças $D = Y_{pos} - Y_{pre}$.

Equação 6.1

$$H_0 : \mu_D = 0$$
$$H_1 : \mu_D \neq 0$$

A estatística de decisão para as hipóteses descritas na Equação 6.1 requer a estimação da variância de D. Na Equação 6.2, fica explícito que, quanto maior a correlação entre Y_{pre} e Y_{pos}, maior a deflação na variância de D.

Equação 6.2

$$\mathrm{Var}(D) = \mathrm{Var}\left(Y_{pos}\right) + \mathrm{Var}\left(Y_{pre}\right) - 2\rho_{Y_{pre}, Y_{pos}} \sqrt{\mathrm{Var}\left(Y_{pre}\right)} \sqrt{\mathrm{Var}\left(Y_{pos}\right)}$$

A correlação $\rho = \rho\left(Y_{pre}, Y_{pos}\right)$ é linearmente associada com a variância de D, conforme o gráfico a seguir.

Gráfico 6.1 – Variância da diferença entre duas variáveis com distribuição normal padronizada em função do nível de correlação

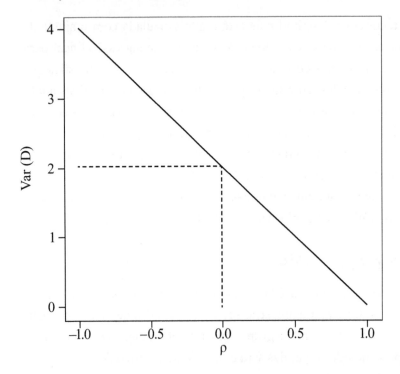

Legenda: linha tracejada = variância quando não há correlação entre as variáveis pré-teste e pós-teste.

O Gráfico 6.1 realça a importância da correlação na variância da diferença entre duas variáveis correlacionadas.

6.1.1 Correlações entre variáveis binárias

Vamos apresentar duas medidas alternativas ao coeficiente de correlação linear de Pearson para avaliar a associação entre duas variáveis binárias medidas antes e depois de uma intervenção prevista do desenho do estudo. Para calcular esses coeficientes, basta arrumar as variáveis binárias dependentes em uma tabela 2 × 2, conforme a que segue.

Tabela 6.1 – Representação tabular das observações para duas variáveis binárias pareadas

		Pós-Teste		
		Resultado		
	Resultado	1	2	Total
Pré-Teste	1	a	c	a+c
	2	b	d	b+d
	Total	a+b	c+d	n

Coeficiente phi

Ao realizar o mesmo tipo de comparação para dados categóricos, é natural pensar em uma medida de correlação que se aplique a esses dados. Vamos considerar a situação em que Y_{pre} e Y_{pos} representam uma mesma variável binária que é observada em cada unidade de análise em dois momentos (pré-teste e pós-teste). Um exemplo ocorre em pesquisas eleitorais feitas em dois instantes de tempo com cada eleitor incluído na amostra. O interesse é saber se houve mudança nas intenções de votos após um fato extraordinário – por exemplo, um debate televisivo. Assumindo a presença de dois candidatos nas eleições, o resultado dessas pesquisas pode ser resumido pelas frequências da Tabela 6.1 ao substituir o resultado *i* por *candidato i*, sendo i = 1,2, pré-teste e pós-teste por antes e depois do debate.

Conforme a Tabela 6.1, *a* é o número de eleitores que intencionavam votar no candidato 1 antes do debate e permanecem com o candidato 1 após o debate; e *d* é o número de eleitores que continuam fiéis ao candidato 2. A soma dos elementos *b* e *c*, ambos fora da diagonal principal, informa a quantidade de mudanças de opção de voto após o debate.

Em 1910, Yule (1910) propôs um coeficiente de associação entre duas variáveis binárias que se assemelha ao coeficiente de correlação linear de Pearson. Inclusive, a proposta de Pearson aplicada a variáveis binárias codificadas no conjunto {0, 1} resulta nos mesmos valores encontrados pelo coeficiente phi (φ). O coeficiente é calculado conforme Equação 6.3:

Equação 6.3

$$\varphi = \frac{\alpha - 1}{\alpha + 1}$$

Em que $\alpha = \dfrac{ad}{bc}$.

Tal como o coeficiente linear de Pearson, φ assume valores no intervalo $[-1, 1]$. Com base no exemplo das intenções de voto, repare que a estatística de Yule caracteriza uma razão entre as chances de os eleitores continuarem com seus candidatos após o debate.

Correlação tetracórica

Outra proposta para a correlação entre variáveis binárias é dada pelo coeficiente de correlação tetracórico. Diferentemente do coeficiente phi, essa é uma medida de associação entre duas variáveis contínuas X e Y que foram dicotomizadas por alguma razão, ou seja, $X^* = I(X > x_0)$ e $Y^* = I(Y > y_0)$, sendo:

$$I(z) = \begin{cases} 1, & Z > z \\ 0, & Z \le z \end{cases}$$

O uso desse coeficiente é comum na área de psicometria, em que os traços de personalidade são variáveis latentes (não observáveis), mensurados de maneira dicotomizada. Um exemplo típico é a classificação do indivíduo como introvertido ou extrovertido. Podemos acreditar que há continuidade no nível de introversão, entretanto, essa variável não pode ser observada, tampouco o limiar que classifica o sujeito como introvertido.

O coeficiente de correlação tetracórico $\hat{\rho}_t = \mathrm{Corr}(X^*, Y^*)$ é uma aproximação do coeficiente de correlação entre as variáveis não observáveis X e Y. A fórmula descrita na Equação 6.4 é discutida em Sheskin (2003) conjuntamente com o estimador do erro-padrão.

Equação 6.4

$$\hat{\rho}_t = \cos\left(\frac{180^\circ\left(\sqrt{ad}\right)}{\sqrt{(ad)} + \sqrt{(bc)}} \right)$$

O cálculo do coeficiente de correlação tetracórico no R está implementado na função *tetrachoric* presente no pacote *psych*.

▓ Exemplificando ▓▓▓▓▓▓▓▓▓▓▓

Vamos verificar a aplicação dessa função no R para o conjunto de dados descritos na Tabela 6.2. Para tanto, considere um estudo hipotético no qual foram medidos dois traços latentes em 20 indivíduos, quais sejam, impulsividade e vulnerabilidade ao uso de drogas.

Tabela 6.2 – Exemplo hipotético sobre associação entre impulsividade e vulnerabilidade ao uso de drogas.

Impulsividade	Vulnerabilidade		
	não	**sim**	**Total**
não	4	3	7
sim	4	9	13
Total	8	12	20

O coeficiente de correlação tetracórico é obtido com o uso do programa R, conforme os comandos apresentados a seguir.

Obtenção do coeficiente de correlação tetracórico por meio do programa R

```
> require(psych) # Carregando o pacote psych
> data=matrix(c(4,3,4,9),ncol=2) # Entrando os dados da tabela 2 x 2
> data # Visualizando a tabela
 [,1] [,2]
[1,] 4 4
[2,] 3 9
> tetrachoric(data) # Calculando a correlação tetracórica
Call: tetrachoric(x = data)
tetrachoric correlation
 [1] 0.4
with tau of
[1] -0.25 -0.39
```

Conforme a aplicação, a correlação entre os traços latentes impulsividade e vulnerabilidade ao uso de drogas foi estimada em 0.4.

6.1.2 Teste de McNemar

Publicado primeiramente em 1947 na revista *Psychometrika* (McNemar, 1947), podemos dizer que o teste de McNemar é o correspondente do teste *t* para amostras pareadas no universo dos dados categóricos. Esse teste tem grande aplicabilidade em pesquisa clínica para verificação da eficácia de novas terapias.

O que é

O teste de McNemar é um teste não paramétrico que verifica a hipótese de que há uma mudança na proporção de eventos de interesse em um experimento binário feito em dois instantes de tempo.

O teste de McNemar verifica a hipótese de que as proporções (sucesso e fracasso) se alteram no pós-teste quando comparadas com o pré-teste. Assumindo a tabela de contingência 2 × 2 (Tabela 6.1), para verificar a hipótese de que as proporções obtidas no pré-teste não são modificadas no pós-teste, aplicamos a estatística de teste apresentada na equação 6.5 que tem distribuição qui-quadrado com 1 grau de liberdade.

Equação 6.5

$$T = \frac{c - b}{\left(c + b\right)^{1/2}}$$

Note que a estatística de teste leva em consideração somente pares que são discordantes, excluindo do cálculo uma das diagonais da Tabela 6.1.

6.2 Árvores de decisão

O algoritmo de árvores de decisão, também chamado de *modelagem estruturada por árvores*, é uma abordagem não paramétrica para problemas de classificação e regressão. Esse método tem a vantagem de lidar com qualquer tipo de variável, dependente ou independente, sendo o resultado de sua aplicação facilmente interpretado. As árvores de classificação identificam interações entre as variáveis explicativas que predizem determinada categoria da variável resposta. Com base nos dados observados, o espaço das variáveis explicativas é particionado de modo recursivo e binário.

Exemplificando

A figura a seguir mostra o exemplo de uma árvore de decisão cujo objetivo é descrever a associação entre uma variável binária (diagnóstico de uma doença) e a idade e o sexo de 100 indivíduos.

Figura 6.1 – Árvore de decisão associação entre idade e sexo

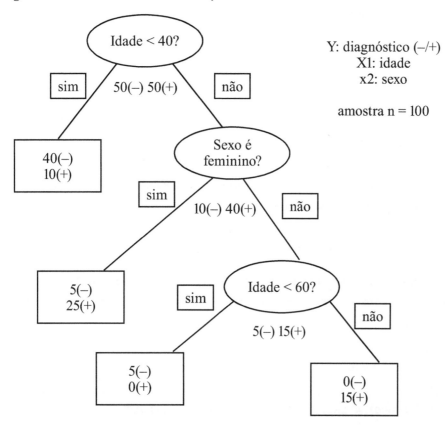

Como alternativa à representação gráfica, o resultado da árvore de decisão pode ser escrito em formas de regras de decisão. A árvore da Figura 6.2 está associada a quatro regras de decisão listadas a seguir:

1. Se idade < 40, então Prob(+) = 0.2.
2. Se idade > 40 e sexo feminino, então Prob(+) = 0.833.
3. Se 40 < idade < 60 e sexo masculino, então Prob(+) = 0.
4. Se idade > 60 e sexo masculino, então Prob(+) = 1.

Conforme as regras, a maior chance de diagnóstico positivo ocorre para o grupo de mulheres acima de 40 anos, em que a probabilidade é 83.3%. Por outro lado, o algoritmo encontrou uma partição do espaço das variáveis na qual nenhum diagnóstico positivo foi encontrado conforme a regra 3.

A metodologia para a construção uma árvore de classificação consiste em definir um critério para subdividir o conjunto de dados em dois subgrupos que sejam mais homogêneos e repetir recursivamente essa divisão. Além deste, também é necessário definir um critério de parada que determina que um nó da árvore é terminal, pois não houve ganho adicional ao subdividi-lo. Aplicando esses dois critérios, os dados são particionados em K grupos heterogêneos entre si. A categoria mais frequente dentro de um nó terminal é definida como predição para as observações que atendam às regras criadas pelo algoritmo. O clássico algoritmo CART tem como critérios-padrão o índice de Gini para subdivisão dos nós e um mínimo de 5 observações como critério de parada. Esses passos estão implementados na função *rpart* presente no R.

Exemplificando

Nas saídas computacionais descritas a seguir, mostra-se a aplicação de uma árvore de decisão para classificar o tipo de íris de um conjunto de flores de acordo com os comprimentos e as larguras das pétalas e sépalas. A variável dependente é categórica explicada por um conjunto de quatro variáveis contínuas.

Saída computacional usando o programa R

```
> require(rpart) # carregando os pacotes para árvores de classificação
> require(rpart.plot) # carregando o pacote para visualização da árvore
de classificação
> data(iris) # O conjunto de dados iris
> arvore <-rpart(Species~.,data = iris) # Construindo a arvore de
classificação
> rpart.plot(arvore) # saída gráfica da árvore construída
```

Figura 6.2 – Árvore de decisão aplicada na identificação do tipo de íris de um conjunto de flores de acordo com o comprimento e a largura da pétala

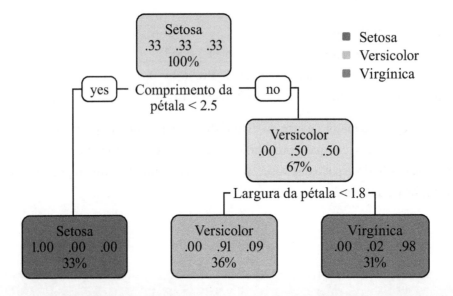

Conforme a saída computacional apresentada, o conjunto de dados íris é particionado em 3 subconjuntos de acordo com valores limiares estimados para o comprimento da pétala e a largura da pétala. A representação gráfica da árvore de classificação exibe dentro de cada nó terminal 3 informações, a saber: a espécie de flor mais frequente, as probabilidades multinomiais de cada espécie (p. ex.: 33% setosa, 33% versicolor e 33% virgínica no interior do nó principal) e a proporção de dados no interior de cada nó (p. ex., 31% das observações estão dentro do nó com predominância da espécie virgínica).

6.3 Análise exploratória de perfis

Apresentamos técnicas de visualização para dados longitudinais. Essas técnicas destacam-se pela disposição sequencial dos dados, que informa ao leitor padrões de mudança ao longo do tempo. O gráfico de linhas múltiplas conta com diversas utilidades, incluindo a capacidade de revelar tendências longitudinais, perfis atípicos e grau de heterogeneidade nos dados, utilizando linhas que conectam observações ao longo do tempo. Já o gráfico lasanha, também como conhecido como *mapa de calor* (*heatmap*) revela padrões por meio de mudanças ou estabilidade cromática ao longo do tempo.

6.3.1 Gráfico spaghetti

Um método típico de visualização de dados longitudinais é o gráfico spaghetti. Trata-se de um gráfico de dispersão que conecta os pontos correspondentes à mesma unidade de análise e, como resultados, é possível visualizar trajetórias individuais da variável resposta no decorrer do tempo. Esse gráfico torna-se menos informativo à medida que o número de trajetórias aumenta e, nesse caso, é usual traçarmos o perfil médio.

Apresentamos, a seguir, o gráfico spaghetti para mostrar a evolução do Índice de Massa Corpórea (IMC) em 50 pacientes submetidos a 3 tipos diferentes de cirurgia bariátrica em hospitais da cidade de Nova Iorque. Acrescentamos a esse gráfico uma linha mais espessa na cor preta, que representa o perfil médio dos pacientes, e este serve como referência para comparar a perda de peso gerada pelos diferentes procedimentos.

Gráfico 6.2 – Índice de massa corpórea (IMC) observado em 50 pacientes submetidos a 3 tipos (*band*, *bypass* e VSG) de cirurgia bariátrica em hospitais da cidade de Nova Iorque de 2012 a 2015

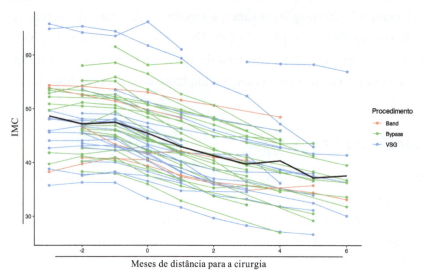

Gráficos desse tipo permitem identificar padrões em trajetórias que estão afastados do padrão médio e levantar hipóteses sobre as diferenças entre os grupos.

Apesar de extremamente úteis, há dois fatores que limitam a aplicação do gráfico spaghetti: o primeiro é a presença de uma variável categórica, especialmente a de natureza nominal; e o segundo é a existência de valores faltantes.

6.3.2 Gráfico lasanha

O gráfico do tipo lasanha surgiu como uma proposta para contornar as limitações do gráfico spaghetti quando aplicado a dados categóricos (Swihart et al., 2010; Jalalzadeh et al., 2017). Esses gráficos são derivados dos *heatmaps*, bastante utilizados nas ciências biomédicas, e têm a flexibilidade de representar variáveis quantitativas e categóricas.

A utilização desse gráfico requer a utilização do conjunto de pacotes no programa R, listados a seguir.

Conjunto de pacotes no programa R

```
library(lasagnar)
library(fields)
library(ggplot2)
library(RColorBrewer)
library(colorspace)
library(pheatmap)
library(colorspace)
```

Como exemplo vamos utilizar o pacote *lasagnar* (Swihart et al., *2010*) para visualizar um conjunto de dados de 20 pacientes com uma doença dermatológica cujo diagnóstico é feito de acordo com 4 níveis de severidade, determinados como sendo 1 = leve, 2 = moderado, 3 = severo e 4 = muito severo. Todos os pacientes são submetidos a um tratamento com uma pomada experimental cuja severidade é medida em 5 instantes de tempo. Os comandos do programa R apresentados a seguir são utilizados para efetuar a entrada de dados.

Comando do programa R para entrada de dados

```
> pacientes = c('p1','p2','p3','p4') # conjunto de pacientes
# status dos pacientes 1 - leve, 2 - moderado, 3 - severo, 4- muito severo
severidade = c(4, 3, 4, 4, 4,
 2, 1, 2, 1, 1,
 3, 3, 3, 4, 4,
 1, 1, 2, 3, 2)
> tempo = c('t1','t2','t3','t4','t5') # instantes de tempo
> severidade = matrix(severidade, ncol = 5, byrow = T)
> dimnames(severidade)=list(pacientes,tempo)
> data.frame(severidade) %>% rownames_to_column('Pacientes')
```

Tabela 6.3 – Saída computacional para o conjunto de pacientes com diferentes níveis de severidade em tratamento dermatológico (1-leve, 2-moderado, 3-severo, 4-muito severo)

Pacientes	Instantes de tempo				
	t1	t2	t3	t4	t5
p1	4	3	4	4	4
p2	2	1	2	1	1
p3	3	3	3	4	4
p4	1	1	2	3	2

Os comandos mostrados a seguir são utilizados para, primeiramente, criar uma paleta de cores que associa um alto grau de severidade com a cor vermelha e um baixo grau de severidade com a cor azul. Em seguida, utilizamos essa paleta como um parâmetro da função lasanha, que produz um *heatmap* cujos padrões vermelhos, como o do paciente 1, denotam maior severidade no decorrer do tempo e cujos padrões azuis caracterizam trajetórias menos severas. Podemos observar, também, as transições no estado da doença, que, para o paciente P3, torna-se mais severa no decorrer do tempo, apesar da aplicação da pomada.

Comandos no programa R

```
> paletteFunc <- colorRampPalette(c('blue','white','red')); # criar uma
paleta de cores
palette <- paletteFunc(8);
# criar o gráfico do tipo lasanha
> lasagna(severidade, xlab = 'tempo', ylab = 'pacientes', legend = TRUE,
main='Gráfico do tipo lasanha', col= palette)
```

Gráfico 6.3 – Gráfico tipo lasanha aplicado para descrever a severidade de uma doença dermatológica no decorrer do tempo

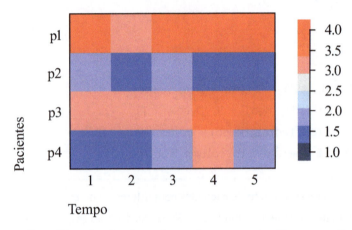

O gráfico do tipo lasanha pode ser construído com a função *pheatmap* presente no pacote *pheatmap* no programa R. Esse pacote foi desenvolvido no projeto Bioconductor, que desenvolve ferramentas computacionais no ambiente R voltadas para as ciências médicas e biológicas.

Comandos no programa R

```
> require(pheatmap)
> pheatmap(severidade,cluster_cols = F,col=palette,main='Heatmap')
```

Gráfico 6.4 – Reprodução do gráfico tipo lasanha após clusterização dos pacientes de acordo com a similaridade de suas trajetórias longitudinais

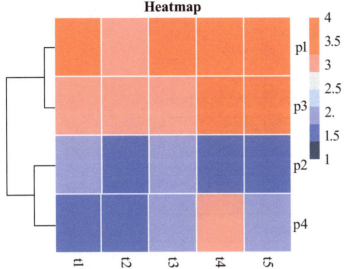

Apesar da semelhança entre os gráficos gerados pelas funções *lasagna* e *pheatmap*, podemos notar que, no Gráfico 6.4, os pacientes foram agrupados de acordo com as similaridades em suas trajetórias. Verificamos que basicamente dois pacientes, P1 e P3, apresentam trajetórias mais severas quando comparados com os pacientes P2 e P4.

6.4 *Configural frequency analysis* (CFA)

Configural frequency analysis (CFA) é um método exploratório para analisar padrões em um conjunto de variáveis categóricas que surgem com frequências abaixo ou acima do que seria esperado ao acaso (Schrepp, 2006). Em uma sequência de variáveis categóricas, contam-se as frequências de todas as configurações observadas nos dados: os padrões com frequência significativamente acima do esperado são classificados como *típicos* e os que ocorrem significativamente abaixo do esperado de *atípicos*. Esses padrões são identificados em uma tabela de frequência com múltiplas entradas.

Exemplificando

Vamos apresentar um exemplo em que 1.181 estudantes de ensino médio são submetidos a um teste de inteligência espacial que consiste em comparar objetos cúbicos. Há três estratégias de comparação que podem ser utilizadas ou não: rotação mental (R), padronização (P) e visualização (V). O uso da estratégia é codificado como 1 = não usou e 2 = usou. Além de registrar as estratégias, o estudo é estratificado por sexo (1 = feminino, 0 = masculino). Nesse estudo, há $2^3 = 8$ possibilidades de estratégias. A tabulação cruzada das 3 variáveis binárias, associadas às estratégias, é mostrada na tabela a seguir.

Tabela 6.4 – Frequência de padrões observados nas estratégias de rotação mental, padronização e visualização na comparação de objetos cúbicos no exemplo descrito em Schrepp (2006)

Frequências observadas		
Estratégia	Feminino	Masculino
111	25	5
112	17	42
121	98	206
122	13	64
211	486	729
212	46	95
221	590	872
222	39	199

Fonte: Elaborado com base em Von Eye, 2005.

Conforme a Tabela 6.4, entre os estudantes que participaram do experimento, 39 do sexo feminino e 199 do sexo masculino utilizaram todas as estratégias (R, P e V) para a comparação entre objetos cúbicos.

CFA está implementada no pacote *confreq* do programa R, que contém diversos exemplos. O pacote pode ser instalado escrevendo o seguinte comando:

Instalação do pacote *confreq* no programa R

```
> install.packages("confreq",dependencies = TRUE).
```

Esse pacote inclui ferramentas gráficas para mostrar tabelas de frequência de múltiplas entradas, como a exibida no Gráfico 6.5, a seguir.

Gráfico 6.5 – Representação gráfica da frequência de múltipla entrada gerada pelo pacote *confreq* no programa R

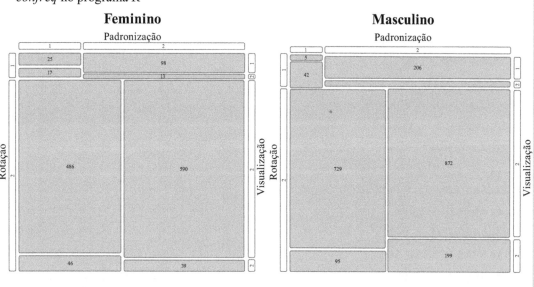

Fonte: Elaborado com base em Von Eye, 2005.

A identificação de configurações típicas e atípicas é feita pela análise de resíduos padronizados, que são obtidos após a avaliação das diferenças entre frequências observadas e esperadas pela hipótese de independência. A estatística de decisão para cada configuração apresenta a distribuição qui-quadrado com 1 grau de liberdade. Ressaltamos que o teste é aplicado para cada uma das configurações identificadas no conjunto de dados, e isso resulta na inflação do erro do tipo I pela multiplicidade dos testes. Por esse motivo, o pacote *confreq* ajusta o conjunto de p-valores utilizando o método de Bonferroni.

Depois de aplicar o teste a cada uma das configurações, três desfechos são possíveis:

1. caso a frequência observada seja significativamente maior do que a frequência esperada, a configuração é classificada como *típica* (Type);
2. caso seja menor, como *atípica* (Antitype); e
3. ocorre quando não há significância estatística, após analisar os p-valores ajustados, e, nesse caso, não há classificação da configuração.

A análise é aplicada com a função CFA pertencente ao pacote CFA, conforme a sintaxe descrita a seguir.

Aplicação da análise CFA no programa R

```
# os dados para este exemplo estão disponíveis no github correadarosaj/cfa
> res<-CFA(patternfreq = dat2fre(complete.data), form = ~ R+V+P+Sexo)
```

```
Number of categories for each variable
estimated from data are:
2 2 2 2
16 different configurations
> summary(res)
function Call:
Formula: ~ R + V + P + Sexo
Variables: R P V Sexo
Categories: 2 2 2 2
results of global tests:
pearson Chi-square test:
Chi df pChi alpha
1 321.6888 11 0 0.05
likelihood ratio test:
Chi df pChi alpha
1 380.8391 11 0 0.05
Information Criteria:
 loglik AIC BIC
1 -240.8162 491.6324 495.4953

 results of local tests:
Type (+) / Antitype (-) based on: z.pChi ;
 with Bonferroni adjusted alpha: 0.003125
 pat. obs. exp. Type df z.Chi z.pChi
 1 1 1 1 1 25 61.295 - 1 -4.636 0.000
 2 1 1 1 2 5 103.185 - 1 -9.666 0.000
 3 1 1 2 1 17 10.484 . 1 2.012 0.022
 4 1 1 2 2 42 17.649 + 1 5.797 0.000
 5 1 2 1 1 98 88.273 . 1 1.035 0.150
 6 1 2 1 2 206 148.600 + 1 4.709 0.000
 7 1 2 2 1 13 15.098 . 1 -0.540 0.295
 8 1 2 2 2 64 25.416 + 1 7.653 0.000
 9 2 1 1 1 486 398.548 + 1 4.381 0.000
 10 2 1 1 2 729 670.919 . 1 2.242 0.012
 11 2 1 2 1 46 68.167 . 1 -2.685 0.004
 12 2 1 2 2 95 114.754 . 1 -1.844 0.033
 13 2 2 1 1 590 573.964 . 1 0.669 0.252
 14 2 2 1 2 872 966.216 - 1 -3.031 0.001
```

```
15 2 2 2 1 39 98.171 - 1 -5.972 0.000
16 2 2 2 2 199 165.261 . 1 2.624 0.004
```

A aplicação da análise CFA ao exemplo de uso da inteligência espacial identificou 4 padrões típicos e 4 padrões atípicos entre as 16 configurações possíveis. Os padrões típicos do sexo masculino foram 112, 121 e 122, ou seja, houve a utilização de padronização ou visualização para comparar objetos cúbicos. O sexo feminino apresentou apenas o padrão 211 classificado como típico. Esse padrão consiste em usar a rotação para comparar os objetos cúbicos.

PARA SABER MAIS

A aplicação de árvores de decisão tornou-se popular na última década. Para obter uma visão mais ampla sobre esse método e conhecer outras abordagens empregadas na área de aprendizado de máquina, recomendamos a leitura a seguir:

HASTIE, T. J.; TIBSHIRANI, R. J.; FRIEDMAN, J. **The Elements of Statistical Learning**: Data Mining, Inference, and Prediction. 2. ed. New York: Springer, 2009.

Os recursos do pacote *confreq* para análise CFA são descritos em:

VON EYE, A.; PEÑA, E. G. Configural Frequency Analysis: the Search for Extreme Cells. **Journal of Applied Statistics**, v. 31, n. 8, p. 981-997, Aug. 2004 Disponível em: <doi.org/10.1080/0266476042000270545>. Acesso em: 24 maio 2023.

Gráficos do tipo lasanha (ou *heatmap*) podem incorporar informações de múltiplas variáveis e, para essa finalidade, recomendamos as funções dos pacotes *pheatmap* e *ComplexHeatmap* para o programa R e a consulta a:

GU, Z.; EILS, R.; SCHLESNER, M. Complex Heatmaps Reveal Patterns and Correlations in Multidimensional Genomic Data. **Bioinformatics**, v. 32, n. 18, p. 2847-2849, Sep. 2016. Disponível em: <doi.org/10.1093/bioinformatics/btw313>. Acesso em: 24 maio 2023.

SÍNTESE

Neste capítulo, discutimos algumas abordagens alternativas à tradicional modelagem estatística de regressão. O problema pré-teste e pós-teste para dados binários é comparado ao caso contínuo. Apresentamos a árvore de classificação como um método não paramétrico que pode ser utilizado tanto para exploração quanto para predição. A análise de perfis necessita de diferentes métodos de visualização para dados categóricos e, por isso, mostramos o gráfico do tipo lasanha. Por fim, analisamos um método que explora frequências de combinações em múltiplas variáveis categóricas, denominado *configural frequency analysis* (CFA), o qual é eficaz na detecção de padrões extremos.

Questões para revisão

1) Um estudo realizado em pacientes com problemas dermatológicos buscou conscientizar os indivíduos sobre o uso de protetor solar. Um questionário foi aplicado antes e depois da leitura de um material educativo produzido pelos pesquisadores. Em um dos itens do questionário, o indivíduo deveria reportar o uso de protetor solar na face ao sair de casa. As respostas foram tomadas um mês antes e um mês depois da leitura do material didático e são mostradas na tabela a seguir.

Tabela A – Uso de protetor solar antes e depois da leitura de um material educativo

Reportou uso de protetor antes da leitura do material	Reportou uso de protetor após leitura do material		TOTAL
	SIM	NÃO	
SIM	56	6	62
NÃO	21	17	38
TOTAL	77	23	100

   a. Estime a correlação com o coeficiente phi.
   b. Estime a correlação com o coeficiente de correlação tetracórica.
   c. Teste a hipótese de que o material mudou o comportamento dos indivíduos.

2) Utilize a função *rpart* para construir uma árvore de classificação para os dados da Tabela A do exercício anterior. Compare as predições da regressão logística com os resultados da árvore de classificação.

3) Uma agência de *marketing* investigou a preferência pelo gênero de séries de TV em um conjunto de 36 pessoas. As pessoas deveriam assinalar "sim" ou não" em 3 tipos de série, quais sejam, ficção, comédia e romance. Apresentamos os resultados no Quadro A, a seguir.

Quadro A – Preferências em relação a séries de TV investigadas em um conjunto de 36 indivíduos

Sujeito	Ficção	Comédia	Romance	Sujeito	Ficção	Comédia	Romance
1	sim	não	sim	19	sim	sim	sim
2	não	não	sim	20	não	sim	sim
3	sim	sim	não	21	sim	não	sim
4	sim	não	sim	22	sim	não	não
5	não	sim	não	23	sim	sim	sim
6	não	não	sim	24	sim	sim	sim
7	sim	não	sim	25	não	sim	sim
8	sim	sim	sim	26	sim	sim	sim
9	sim	sim	sim	27	não	sim	sim

(continua)

(Quadro A – conclusão)

Sujeito	Ficção	Comédia	Romance	Sujeito	Ficção	Comédia	Romance
10	não	sim	sim	28	não	não	sim
11	sim	não	sim	29	não	sim	sim
12	não	não	não	30	não	não	não
13	não	sim	sim	31	sim	sim	não
14	sim	não	não	32	não	sim	sim
15	sim	não	não	33	sim	não	não
16	sim	sim	sim	34	sim	não	sim
17	sim	não	sim	35	sim	sim	não
18	não	sim	sim	36	não	não	sim

Aplique a análise CFA presente no pacote *confreq* do programa R. Gere o gráfico multidimensional para representar a tabulação dos dados e verifique se há padrões típicos e atípicos. Há evidências nesse conjunto de dados para acreditar que as preferências por gênero de séries de TV são não aleatórias?

4) Para o conjunto de dados *conflitos em casais*, utilize as predições individuais obtidas pelo modelo de efeitos mistos ajustado na Seção 5.5 e construa um gráfico do tipo spaghetti e outro do tipo lasanha no programa R.

5) Analise as assertivas a seguir e indique V para as verdadeiras e F para as falsas.

( ) As árvores de classificação são utilizadas para testar diferenças entre grupos.
( ) A análise CFA é não paramétrica.
( ) O coeficiente de correlação tetracórica mede a associação entre duas variáveis contínuas.

Agora, assinale a alternativa que apresenta a sequência correta:

a. F, V, F.
b. V, V, V.
c. F, V, V.
d. F, F, V.

Questões para reflexão

1) O aspecto longitudinal discutido neste capítulo pode ser incorporado às árvores de classificação pela inclusão do tempo no conjunto de variáveis explicativas. Caso o algoritmo de partição recursiva e binária selecione um limiar no tempo para particionar os dados, qual a sua interpretação para esse fato?

2) Como o nível de correlação entre duas variáveis afeta o poder do teste *t* para amostras pareadas? Sugestão: simule amostras pareadas de um tamanho fixo e aplique o teste *t*. Replique esse experimento 100 vezes e contabilize o número de vezes em que a hipótese nula foi rejeitada.

Considerações finais

Nesta obra, destinada aos leitores com interesse na aprendizagem de técnicas voltadas à análise de dados para respostas categóricas, buscamos apresentar o conteúdo por meio de uma abordagem direta e objetiva, respeitando as metodologias de análise para dados categóricos e categóricos longitudinais.

As variáveis com resposta categórica têm sido amplamente utilizadas em várias áreas da pesquisa e, portanto, faz-se necessária a correta utilização de metodologias estatísticas para obter resultados mais confiáveis, principalmente quando a variável categórica em estudo é a variável independente ou explicativa.

Descrevemos aqui desde os passos iniciais, passando pelos dados organizados em tabelas de contingência e testes de independência, até modelos generalizados, modelos para dados longitudinais, inclusive abordagem pré e pós-testes, com vistas a possibilitar a compreensão das técnicas de modo objetivo, mas sem deixar de propiciar um ambiente de discussão para que o leitor desenvolva uma análise crítica das metodologias e faça uso delas de maneira independente.

Também apresentamos questões e exemplos discutidos na literatura estatística, a fim de convidar o leitor a uma discussão ampla, principalmente quando da reprodução dos exemplos computacionalmente, o que permite a fixação dos conceitos abordados.

Referências

AGRESTI, A. **An Introduction to Categorical Data Analysis**. 2. ed. Florida: Wiley-Interscience, 2007.

AGRESTI, A. **An Introduction to Categorical Data Analysis**. 3. ed. Florida: Wiley-Interscience, 2019.

AGRESTI, A. **Categorical Data Analysis**. 2. ed. Florida: Wiley-Interscience, 2002.

AGRESTI, A. **Categorical Data Analysis**. 3. ed. Florida: Wiley-Interscience, 2013.

AGRESTI, A. **Foundations of Linear and Generalized Linear Models**. Hoboken, NJ: Wiley & Sons, 2015.

ANDREWS, D. F.; HERZBERG, A. M. **Data**: a Collection of Problems from Many Fields for the Student and Research Worker. New York: Springer-Verlag, 1985.

ATKINSON, A.; RIANI, M. **Robust Diagnostic Regression Analysis**. New York: Springer, 2000.

BACKER, M. De et al. A 12-week Treatment for Dermatophyte Toe Onychomycosis: Terbinafine 250mg/day vs. Itraconazole 200mg/day – a Double-Blind Comparative Trial. **British Journal of Dermatology**, v. 134, n. 46, p. 16-17, June 1996.

BISHOP, Y. M. M.; FIENBERG, S. E.; HOLLAND, P. W. **Discrete Multivariate Analysis**: Theory and Practice. Cambridge. MA: MIT Press, 1975.

BLISS, C. I. The Calculation of the Dosage-Mortality Curve. **Annals of Applied Biology**, v. 22, n. 1, p. 134-167, Feb. 1935.

BOLGER, N.; LAURENCEAU, J-P. **Intensive Longitudinal Methods**: an Introduction to Diary and Experience Sampling Research. New York: Guilford Press, 2013.

BORTKIEWICZ, L. von. **Das Gesetz der kleinen Zahlen**. Leipzig: B. G. Teubner, 1898.

BUSE, A. The Likelihood Ratio, Wald and Lagrange Multiplier Tests: An Expository Note. **The American Statistician**, v. 36, n. 3, part I, p. 153-157, Aug. 1982. Disponível em: <https://canvas.gu.se/files/1815378/download?download_frd=1& verifier=AeXe3WdGHTzttvUIOrYzvJhj9bocTPGvSUIygwzl>. Acesso em: 24 maio 2023.

CASELLA, G.; BERGER, R. L. **Statistical Inference**. 2. ed. Pacific Grove, CA: Duxbury, 2001.

COOK, A.; SHEIKH, A. Descriptive Statistics (Part 2): Interpreting Study Results. **Asthma in General Practice**, v. 8, n. 1, p. 16-17, 2000. Disponível em: <https://www.nature.com/articles/pcrj20006>. Acesso em: 24 maio 2023.

COOK, T. D.; DEMETS, D. L. (Ed.). **Introduction to Statistical Methods for Clinical Trials**. Boca Raton, FL: Chapman and Hall, 2008.

EMORY UNIVERSITY. The Departament of Mathematics and Computer Science. **Exercises**: Chi Square Tests. Disponível em: <https://math.oxford.emory.edu/site/math117/probSetChiSquareTests/>. Acesso em: 24 maio 2023.

ENGLE, R. F. Wald, Likelihood Ratio, and Lagrange Multiplier Tests in Econometrics. In: GRILICHES, Z.; INTRILIGATOR, M. D. (Ed.). **Handbook of Econometrics**. Amsterdam: Elsevier Science, 1984. v. II. p. 775-826.

EVERITT, B. S. **The Analysis of Contingency Tables**. 2. ed. Sumas, WA: Chapman and Hall, 1992.

FARAWAY, J. J. **Extending the Linear Model with R**: Generalized Linear, Mixed Effects and Nonparametric Regression Models. Boca Raton, FL: Chapman and Hall/CRC, 2006.

FISHER, R. A. **Statistical Methods for Research Workers**. Edinburgh: Oliver and Boyd, 1925.

FISHER, R. A. **Statistical Methods for Research Workers**. 5. ed. Edinburgh: Oliver and Boyd, 1934.

FLEISS, J. L. **Statistical Methods for Rates and Proportions**. Hoboken, NJ: John Wiley & Sons, 1981.

FOX, J. **Applied Regression Analysis Generalized Linear Models**. 3. ed. Thousand Oaks, CA: Sage Publications, 2016.

FOX, J. **Applied Regression Analysis, Linear Models, and Related Methods**. Thousand Oaks, CA: Sage Publications, 1997.

FRIENDLY, M.; MEYER, D. **Discrete Data Analysis with R**: Visualization and Modeling Techniques for Categorical and Count Data. Boca Raton, FL: CRC Press, 2016.

GELMAN, A.; HILL, J. **Data Analysis Using Regression and Multilevel/Hierarchical Models**. Cambridge: Cambridge University Press, 2007.

GU, Z.; EILS, R.; SCHLESNER, M. Complex Heatmaps Reveal Patterns and Correlations in Multidimensional Genomic Data. **Bioinformatics**, v. 32, n. 18, p. 2847-2849, Sep. 2016. Disponível em: <doi.org/10.1093/bioinformatics/btw313>. Acesso em: 24 maio 2023.

HASTIE, T. J.; TIBSHIRANI, R. J. **Generalized Additive Models**. London: Chapman and Hall, 1990.

HASTIE, T. J.; TIBSHIRANI, R. J.; FRIEDMAN, J. **The Elements of Statistical Learning**: Data Mining, Inference, and Prediction. 2. ed. New York: Springer, 2009.

JALALZADEH, H. et al. Lasagna Plots to Visualize Results in Surgical Studies. **International Journal of Surgery**, v. 43, p. 119-125, Jul. 2017. Disponível em: <https://www.sciencedirect.com/science/article/pii/S174391911730448X?via%3Dihub>. Acesso em: 24 maio 2023.

JOHNSTON, J.; DINARDO, J. **Econometric Methods**. 4. ed. New York: McGraw Hill, 1997.

LAIRD, N. M.; WARE, J. H. Random-Effects Models for Longitudinal Data. **Biometrics**, v. 38, n. 4, p. 963-974, Dec. 1982.

LIANG, K-Y.; ZEGER, S. L. Longitudinal Data Analysis Using Generalized Linear Models. **Biometrika**, v. 73, n. 1, p. 13-22, Apr. 1986. Disponível em: <doi.org/10.1093/biomet/73.1.13>. Acesso em: 24 maio 2023.

LINDSEY, J. K. **Applying Generalized Linear Models**. New York: Springer-Verlag, 1997.

LONG, J. D. **Longitudinal Data Analysis for the Behavioral Sciences Using R**. Thousand Oaks, CA: Sage, 2012.

MCCULLAGH, P.; NELDER, J. A. **Generalized Linear Models**. 2. ed. Boca Raton, FL: Chapman and Hall, 1989.

MCNEMAR, Q. Note on the Sampling Error of the Difference Between Correlated Proportions or Percentages. **Psychometrika**, v. 12, n. 2, p. 153-157, June 1947.

MOLENBERGHS, G.; VERBEKE, G. **Models for Discrete Longitudinal Data**. New York: Springer, 2005.

MORETTIN, L. G. **Estatística básica**: probabilidade e inferência. São Paulo: Pearson, 2010.

MORITZ, D. J.; SATARIANO, W. A. Factors Predicting Stage of Breast Cancer at Diagnosis in Middle Aged and Elderly Women: The Role of Living Arrangements. **Journal of Clinical Epidemiology**, v. 46, n. 5, p. 443-454, May 1993.

NAVIDI, W. **Probabilidade e estatística para ciências exatas**. Tradução de José Lucimar do Nascimento. Porto Alegre: AMGH; Bookman, 2012.

NELDER J. A.; WEDDERBURN, W. M. Generalized Linear Models. **Journal of the Royal Statistical Society**, v. 135, n. 3, p. 370-384, 1972.

NOH, M., LEE, Y. REML Estimation for Binary Data in GLMMs. **Journal of Multivariate Analysis**, v. 98, n. 5, p. 896-915, May 2007. Disponível em: <doi.org/10.1016/j.jmva.2006.11.009. Acesso em: 24 maio 2023.

NORTON, P. G.; DUNN, E. V. Snoring as a Risk Factor for Disease: an Epidemiological Survey. **British Medical Journal**, v. 291, p. 630-632, Sep. 1985.

PATTERSON, H. D.; THOMPSON, R. Recovery of Inter-Block Information When Block Sizes are Unequal. **Biometrika**, v. 58, n. 3, p. 545-554, Dec. 1971.

PEARSON, K. **On the Theory of Contingency and its Relation to Association and Normal Correlation**. London: University of London, Department of Applied Mathematics, Dulau and CO., 1904. (Livro original atualmente na Universidade de Cornell, EUA)

PLACKETT, R. L. Karl Pearson and the Chi-Square Test. **International Statistical Review**, v. 51, n. 1, p. 59-72, Apr. 1983.

POISSON, S. D. **Recherches sur la probabilité des jugements en matière criminelle et en matière civile**. Paris: Hachette Livre; BNF, 2012 [1837].

POOLE, J. H. Mate Guarding, Reproductive Success and Female Choice in African Elephants. **Animal Behavior**, n. 37, p 842-849, 1989. Disponível em: <https://www.elephantvoices.org/multimedia-resources/document-download-center/69-elephant voices-publications.html?download=181:poole-joyce-h-1989-mate-guarding-reproductive-success-and-female-choice-in-african-elephants>. Acesso em: 24 maio 2023.

POWERS, A. D.; XIE, Y. **Statistical Methods for Categorical Data Analysis**. Austin, TX, EUA: Academic Press, 1999.

PULKSTENIS, E.; ROBINSON, T. J. Goodness-of-fit Tests for Ordinal Response Regression Models. **Statistics in Medicine**, v. 23, n. 6, p. 999-1014, Mar. 2004.

QUINE, M. P.; SENETA, E. Bortkiewicz's Data and the Law of Small Numbers. **International Statistical Review**, Great Britain, v. 55, n. 2, p 173-181, 1987.

RANGANATHAN, P.; AGGARWAL, R.; PRAMESH, C. S. Common Pitfalls in Statistical Analysis: Odds versus Risk. **Perspectives Clinic Research**, v. 6, n. 4, p. 222–224, 2015.

RAO, C. R. The Utilization of Multiple Measurements in Problems of Biological Classification. **Journal of the Royal Statistical Society**: Series B (Methodological), v. 10, n. 2, p. 159-203, 1948.

SCHREPP, M. The Use of Configural Frequency Analysis for Explorative Data Analysis. **British Journal of Mathematical and Statistical Psychology**, v. 59, n. 1, p. 59-73, May 2006.

SHESKIN, D. J. **Handbook of Parametric and Nonparametric Statistical Procedures**. 3. ed. New York: Chapman and Hall, 2003.

SINGER, J. M.; ROCHA, F. M. M.; NOBRE, J. S. **Análise de dados longitudinais**: versão parcial preliminar. São Paulo: Departamento de Estatística da USP, 2018. Disponível em: <https://www.ime.usp.br/~jmsinger/MAE0610/Singer&Nobre&Rocha2018jun.pdf>. Acesso em: 24 maio 2023.

SINGER, J. M.; ROCHA, F. M. M.; NOBRE, J. S. Graphical Tools for Detecting Departures from Linear Mixed Model Assumptions and Some Remedial Measures: Diagnostic Tools for Linear Mixed Models. **International Statistical Review**, v. 85, n. 2, p. 290-324, Aug. 2017.

SPIEGEL, M. R.; SCHILLER, J. J.; SRINIVASAN, R. A. **Probabilidade e estatística**. 3. ed. Tradução de Sara Ianda Correa Carmona. Porto Alegre: Bookman, 2013.

SPRENT, P. Fisher Exact Test. In: LOVRIC, M. (Ed.). **International Encyclopedia of Statistical Science**, p. 524-525, 2011.

STOKES, M. E.; DAVIS, C. S.; KOCH, G. G. **Categorical Data Analysis Using the SAS System**. 2. ed. Cary, NC: SAS Publishing, 2000.

SUR, P.; CANDÈS, E. J. A Modern Maximum-Likelihood Theory for High-Dimensional Logistic Regression. **PNAS – Proceedings of the National Academy of Sciences of the United States of America**, v. 116, n. 29, p. 14516-14525, 2019.

SWIHART, B. J. et al. Lasagna Plots: A Saucy Alternative to Spaghetti Plots. **Epidemiology**, v. 21, n. 5, p. 621-625, Sep. 2010. Disponível em: <doi.org/10.1097/EDE.0b013e3181e5b06a>. Acesso em: 24 maio 2023.

TRIOLA, M. F. **Elementary Statistics**. 13. ed. Boston: Pearson, 2018.

VON EYE, A. Configural Frequency Analysis. In: EVERITT, B. S.; HOWELL, D. (Ed.). **Encyclopedia of Statistics in Behavioral Science**. New York: Wiley, 2005. v. 1. p. 381-388

VON EYE, A.; PEÑA, E. G. Configural Frequency Analysis: the Search for Extreme Cells. **Journal of Applied Statistics**, v. 31, n. 8, p. 981-997, Aug. 2004. Disponível em: <doi.org/10.1080/02664760042000270545>. Acesso em: 24 maio 2023.

WALD, A. Tests of Statistical Hypothesis Concerning Several Parameters when the Number of Observations is Large. **Transactions of the American Mathematical Society**, v. 54, n. 3, p. 426-482, Nov. 1943.

WARDROP, R. Simpson's Paradox and the Hot Hand in Basketball. **The American Statistician**, v. 49, n. 1, p. 24-28, Feb. 1995.

WILKS, S. S. The Large-Sample Distribution of the Likelihood Ratio for Testing Composite Hypotheses. **Annals of Mathematical Statistics**, v. 9, n. 1, p. 60-62, Mar. 1938.

WINSOR, C. P. Quotations: "Das Gesetz der kleinen Zahlen". **Human Biology**, Baltimore, v. 19, n. 3, p. 154-161, 1947.

YULE, G. U. **An Introduction to the Theory of Statistics**. London: C. Griffin and Company, 1911.

YULE, G. U. On the Association of Attributes in Statistics. **Philosophical Transactions of the Royal Society**, series A, v. 194, p. 257-319, 1900.

YULE, G. U. On the Interpretation of Correlations Between Indices or Ratios. **Journal of the Royal Statistical Society**, v. 73, n. 6/7, p. 644-647, June/Jul. 1910.

ZEILEIS, A.; KLEIBER, C.; JACKMAN, S. Regression Models for Count Data in R. **Journal of Statistical Software**, v. 27, n. 8, p. 1-25, 2008. Disponível em: <https://www.researchgate.net/publication/26539706_Regression_Models_for_Count_Data_in_R>. Acesso em: 24 maio 2023.

RESPOSTAS

CAPÍTULO 1

Questões para revisão

1)
 a. Quantitativa discreta.

 b. Qualitativa nominal.

 c. Qualitativa ordinal.

 d. Quantitativa contínua.

 e. Quantitativa contínua.

2) c

3)
 a. 0,211.

 b. 3,2.

 c. 2.347.

4)
 a. 0,0745.

 b. 0,0166.

 c. 0,5016.

 d. 0,9987.

5) Cálculo da média: $(1000000 - 977287) / 365 = 62.227$. Cálculo da probabilidade: $P(50) = 0,0155$.

6) 6. Cálculo da média $= (2 \times 9) / 3 = 6$. Cálculo da probabilidade: $P(X \geq 5) = 1 - P(X \leq 4) = 0,7149$.

CAPÍTULO 2

Questões para revisão

1)

	Não obeso		Obeso	
	Doente	Não doente	Doente	Não doente
Exposto	900	100	300	700
Não exposto	750	250	250	750

RR: 1.2 / OR: 1.29

É possível verificar que, diminuindo a incidência no baseline, diminui o valor da razão de chances (3 para os não obesos *versus* 1.29 para os obesos), e o aumento da incidência aumenta o valor da razão de chances. Esses resultados se apresentam contrários aos resultados esperados, o que coloca a cargo do pesquisador explicar o motivo dessas respostas.

2) $0,226 < p < 0,298$. Esses resultados não contradizem sua hipótese, pois 0,25 está incluído no intervalo de confiança.

3) Utilizar teste para independência. H_0 : respostas e sexo ao nascer são independentes, graus de liberdade = 4, valor crítico 13,277.

4) a

5) b

CAPÍTULO 3

Questões para revisão

1) Razão de chances para cônjuge *versus* outros = 2,02/1.71 = 1,18. Razão de chances para \$ 10.000 – 24.999 *versus* \$ 25.000 + = 0,72/0,41 = 1,76.

2)

   a. $\text{logito}(\hat{\pi}) = 15{,}043 - 0{,}232x$.

   b. na temperatura igual a 31 °F, $\hat{\pi} = 0{,}9996$.

   c. $\hat{\pi} = 0{,}50$ em $x < 64.8$ e $\hat{\pi} > 0{,}50$ em $x < 64{,}8$. Em $x = 64{,}8$, $\hat{\pi}$ diminui a uma taxa de 0,058.

   d. A chance estimada da TD multiplicada por $\exp(-0{,}232) = 0{,}79$ para cada 1 grau de aumento em temperatura.

3)

   a. $\text{logito}(\hat{\pi}) = -0{,}573 + 0{,}0043$.

   b. Os valores da idade são mais dispersos quando a cifose é ausente.

   c. $\text{logito}(\hat{\pi}) = -3{,}035 + 0{,}0558(\text{idade}) - 0{,}0003(\text{idade})^2$

4)

   a. A chance de obter camisinha no grupo educado é estimada em 4.04 vezes a chance do grupo não educado.

   b. $\text{logito}(\hat{\pi}) = \hat{\beta}_0 + 1{,}40x_1 + 0{,}32x_2 + 1{,}76x_3 + 1{,}17x_4$. Sendo $x_1 = 1$ para educado e = 0 para não educado, $x_2 = 1$ para masculino e 0 para feminino, $x_3 = 1$ para nível socioeconômico alto e 0 para nível socioeconômico baixo e x_4 = número de parceiros ao longo da vida. Razão de chances logarítmica = 1,40 com intervalo de confiança (IC) (0,16; 2,63). O IC é $1{,}4 \pm 1{,}96$ (erro-padrão); dessa forma, o IC tem largura de 3,92 (erro-padrão) e erro-padrão = 0,63.

   c. O IC corresponde a um para logaritmo da razão de chances de (0,207; 2,556); 1,38 é o ponto médio do IC, sugerindo que pode ser o log da razão de chances estimado, caso em que $\exp(1{,}38) = 3{,}98$ = razão de chances estimado.

5) c

CAPÍTULO 4

Questões para revisão

1)

   a. $\hat{\pi} = 0{,}00255 + 0{,}0019(\text{álcool})$, parâmetros estimados do modelo.

   b. A probabilidade estimada de má formação aumenta em 0,00255 de $x = 0$ para 0,01018 em $x = 7$. O risco relativo é $RR = 0{,}01018 / 0{,}00255 = 4{,}0$.

2)

   a. $\log(\hat{\mu}) = 1{,}6094 + 0{,}5878x$. Desde que

$$\beta = \log\left(\frac{\mu_B}{\mu_A}\right), \exp(\hat{\beta}) = \frac{\hat{\mu}_B}{\hat{\mu}_A} = 1{,}80, a$$

média está prevista para ser 80% maior para

o tratamento B. Na verdade, essa estimativa é simplesmente a razão das médias amostrais.

   b. O teste de Wald fornece $z = 0{,}588 / 0{,}176 = 3{,}33$, $z^2 = 1{,}11.1$ (gl = 1), p-valor < 0,001. Estatística da razão de verossimilhança = 11,6, com 1 grau de liberdade, p-valor < 0,001. Maior taxa de defeitos para B.

3) Intervalo de confiança para taxa log é $2{,}549 \pm 1{,}96(0{,}04495)$, portanto, o intervalo de confiança para a taxa é (11,7, 14,0).

4) Diferença entre *deviance* = 11,6, com df = 1, evidencia fortemente ao modelo de Poisson com taxa constante inadequada.

5) b

CAPÍTULO 5

Questões para revisão

1)

a. Modelo original: intercepto (0,186) amang (0,0264) time (–0,003540). Modelo GEE: intercepto (0,187) amang (0,021) time (–0,003)

b. Modelo original: t value = 2,992. Modelo com efeito aleatório no coeficiente angular: t value = 3,064.

c. A estimativa da correlação AR(1) é 0.05 (erro-padrao = 0.032), portanto, não há grande impacto em assumir independência; os erros-padrão nas estimativas dos coeficientes são ligeiramente superiores nesse cenário.

2)

Comandos no programa R
```
casos.severos<-c(54,49,44,29,14,10,14,55,48,
40,29,8,8,6)
nobs<-c(146,141,138,132,130,117,133,148,147,
145,140,133,127,131)
grupo<-c(rep('A',7),rep('B',7))
periodo<-rep(c(0,1,2,3,6,9,12),2)
total.casos<-cbind(casos.severos,nobs-casos.
severos)
```

3)

a. O nível esperado é obtido pela equação:

E(Reflectância) = 30,36+3,197*Período-1,007*I(Filtro1)+3,615*I(Filtro2), em que: I(.) é uma variável indicadora.

b. Não.

c. E(Reflectância) = 30,4+3,2*Período.

4) Ambos os ajustes apresentam a mesma estimativa para os efeitos fixos:
(Intercept) treatment period
  9,491   0,319 –0,485

5) d

CAPÍTULO 6

Questões para revisão

1)

a. 0,4.

b. 0,64.

c. p-valor = 0,007.

2) As predições da regressão logística e da árvore de classificação apresentam coeficiente de correlação igual a 0,68.

3) Não há padrões típicos e não há padrões atípicos. Não há evidências de que as preferências por gênero de séries de TV são não aleatórias.

4) Os gráficos são construídos com os comandos a seguir:
Comandos no programa R
```
require(confreq)
require(lme4)
require(tidyverse)
casal <- as.data.frame(fread("categorical.
csv")) # leitura do arquivo com dados dos
casais
catmodel <- lmer(pconf ~ amang + time +(1
| id),data = casal)
casal = casal %>% mutate(pred =
predict(catmodel))
# grafico spaghetti
ggplot(casal,aes(x=time,y=pred))+
 geom_line(aes(group=id))
# grafico lasanha
require(pheatmap)
```

```
matrix.pred =
reshape2::dcast(id~time,value.var =
"pred",data=casal) %>%
  column_to_rownames('id')
pheatmap(as.matrix(matrix.pred),cluster_
rows = F,cluster_cols = F)
```

5)   c

Sobre os autores

Joel Maurício Corrêa da Rosa é doutor em Engenharia Elétrica pela Pontifícia Universidade Católica do Rio de Janeiro (PUC-Rio), com um período colaborativo na Escola de Economia de Estocolmo (SSE – Stockholm School of Economics); mestre em Estatística pela Universidade Estadual de Campinas (Unicamp); e graduado em Estatística pela Escola Nacional de Ciências Estatísticas (Ence). Durante 13 anos, atuou como professor do Departamento de Estatística da Universidade Federal do Paraná (UFPR) e da Universidade Federal Fluminense (UFF). Há 12 anos, atua como pesquisador na área médica e biológica, tendo trabalhado como pesquisador e professor de pós-graduação na Universidade Rockefeller, em Nova Iorque, e como bioestatístico na LeoPharma, em Copenhagen. Atualmente, é pesquisador e professor de pós-graduação do Ichan School of Medicine, no Mount Sinai, em Nova Iorque, atuando no Departamento de Dermatologia, com foco na pesquisa em modelagem estatística, genômica, transcriptômica, aprendizado de máquina e epidemiologia. Tem várias publicações internacionais, incluindo uma publicação no *Scientific Reports Nature*.

Fernanda Oliveira Balbino é doutora e mestre em Engenharia Mecânica pela Universidade Federal do Paraná (UFPR) e bacharel em Estatística também pela UFPR. Já trabalhou na indústria de óleo e gás como analista da área financeira. Durante o período de 2012-2013, atuou como professora de Cálculo Diferencial e Integral e de Estatística na Faculdade Padre João Bagozzi. A partir de 2017, passou a atuar como consultora externa. Há seis anos atua como pesquisadora e consultora externa direcionada à área médica, com foco na pesquisa em modelagem estatística, modelos regressivos e inferência bayesiana. Tem publicações internacionais em periódicos como o *Journal of Theoretical and Applied Mechanics* e o *Journal of Clinical Medicine*.

Os papéis utilizados neste livro, certificados por
instituições ambientais competentes, são recicláveis,
provenientes de fontes renováveis e, portanto, um meio
responsável e natural de informação e conhecimento.

Impressão: Reproset